物理数学の直観的方法〈普及版〉
理工系で学ぶ数学 「難所突破」の特効薬

長沼伸一郎　著

ブルーバックス

『物理数学の直観的方法』の初刊本は
通商産業研究社より
1987年10月5日に刊行されました。

カバー装幀／芦澤泰偉・児崎雅淑
カバーイラスト原案／長沼伸一郎
　　　　　　CG製作／松本徹意
　　　　　（参考・ライフサイエンスライブラリー「数の話」）
目次・章扉・図版／フレア

普及版への序文

　本書の第一版が世に出てからずいぶんになるが，その間にたどってきた道のりというのはそれ自体が物語になるほどで，そもそもこの本がいまだに不死鳥のように生命力を保っているということ自体，当時は想像もしていないことだった。

　もっとも当時の筆者にとってはこの本を出すこと自体が途方もない賭けで，そんなことまで考える余裕もなかったのだが，現在の理系世界を眺めてみると，そこではある年代層を中心に，この本を手にした時のインパクトを共通体験としてもつ人々が中枢部にまとまって存在していて，そのことが本書に独特な道を歩ませることに大きく影響していたようである。

　その時の体験がどんなものだったかを現在から想像するのは恐らく難しいと思われるが，それには次のようなシチュエーションを考えればよいかもしれない。つまり試験がすぐ近くに迫っているのに，目の前に難しい数学が絶壁のように立ち塞がり，あたかもそれらに包囲されたような絶望感の中にあったとする。そして手持ちの武器で何とか理解の突破口を開けようとするのだが，全く歯が立たなかったとしよう。そのため半ば諦めかけていたところ，倉庫の奥に何だか地味な木箱に入った見慣れぬ新兵器があり，箱から出して半信半疑で使ってみたら，今まで歯が立たなかったそれらの障害物を片っ端から吹っ飛ばしてくれた，そんな状況を考えるとかなり近かったのではあるまいか。

実際にも当時，試験を明日に控えて講義内容が全く理解できず途方に暮れていたのだが，夕方に生協書店でたまたま本書を見つけて買って帰り，その夜のうちに読んで文字通り一夜で試験を突破した，という実話を語ってくれた読者もある。そういう体験をした人にとって，それがどういう爽快な記憶として残るものかは想像に難くないだろう。

　そして壁が吹っ飛ばされたという点では当時の筆者の立場も同様で，事前には100部も売れれば奇跡と思われていたのだが，実際の反響は文字通り爆発的なものがあり，それ以降，理系世界の中ならどこへ行っても自己紹介が不要になるほどだった。

　客観的に見ても，このような形で数学を直観的にイメージ化した本はどうやら本書が最初だったらしく，実際に当時は他にそういう本がなかったことが何人かの方の著作の中でも証言されている。

　しかしそうなってくると，ある意味その威力が知れ渡ったことで，普通ならすぐに内容が模倣追随され，陳腐化するのも早いはずである。そのためしばらくすれば，これを基に書かれた新しい本にとってかわられて，その役割を終えることになるだろう，筆者も当時そう思っていた。

　ところが現状ではどうもそういうことになっておらず，そもそも現在，本書の普及状況にはどうやら驚くほどのむらがあるらしい。研究室によっては，ゼミの学生がほぼ全員必携として持っているというところもあり，そういう場所では若手の指導教官自身が大学時代に本書で育った経験をもっていることが多く，中には三代続けて本書を使っているという研

普及版への序文

究室さえ出始めているほどである。

そうかと思えば，知られていない場所では学生が本書の存在自体を全然知らなかったりするのであり，いまだに読者から，偶然手にとって読んでみたらこういう本は初めてで驚いたというメールをもらうことがあって，その落差にこちらがしばしば面食らうのである。

どうしてそういうことになるのかというと，恐らくそれは本書の出版時における次のような特殊事情に起因すると思われる。そのあたりのいきさつは雑誌に手記を書いたこともあるが，もともとこの本は，当時26歳で孤立無援の状態にあった筆者が，手持ちの自己資金を全部投入して一発勝負を賭けた自費出版によるものだった。そのため広告に回せる予算が1円もなく，要するに広告ゼロという最悪の条件のもと，無名の人間が一回きりの勝負で，針の先ほどの小さな目標に絶対に命中させることが必要という，何とも無謀な挑戦だったのである。

ひょっとしたらそれだけのリスクを冒したことが何らかの形で読者にも伝わって，上記のような結果につながったのかもしれないが，ともあれ蓋を開けてみると，先ほど述べたように筆者自身の予想を遥かに超えて，一部大書店で当時の一般文芸ベストセラーを抜くという事態にまで発展し，そして今から振り返ると逆にそこが一種の問題点を作り出していたとも言える。

つまり当初から本の存在を読者に伝える手段が，そうした話題性や熱狂の力に大幅に依存してしまっており，そこが平常化してしまうと，通常の広報手段をもたないことがアキレス腱として一挙に表面化してしまう弱点をもっていたわけで

ある。

　ところがその一方で，本書の後継となる本がすぐに現れて役割を終えるだろうという予想の方は，今に至るも完全には現実とはなっていないようである。確かに部分的な話題に関しては，直観的なイメージ化を提供する本は本書以降に数多く生まれているものの，大学4年分の中核部分をまとめてコンパクト化したものとなるとなかなか難しいらしい。

　だとすれば，読者の切実な需要は依然として存在し続けていることになり，せっかく需要も供給もちゃんとありながら，両者の間がうまくつながっていないという困った状態にあるわけである。

　実は今回，普及版としてブルーバックスに収めるというお話をいただいたのも，そういう状況が大きく影響しており，要するに今まで途切れがちだったその部分をここでしっかりつなげようというわけである。考えてみると本書の場合，20年以上も使われたことによる信頼性は，新しい本では真似できないレベルにあり，その上で内容的にも必要性が全く揺らいでいないとなれば，今では「これ一冊」という標準参考書としてもベストの条件を備えていることになる。そのため現在なお苦境にある学生の手元に本書をより広く届けることは，今や客観的に見ても重要なことになっているわけである。

　なお2000年度に改訂された第二版では，最後に章が一つ追加され，「第11章・三体問題と複雑系の直観的方法」という内容が加筆されていた。この部分では少し哲学的な内容として「部分の総和が全体に一致するか」ということが，三体

普及版への序文

問題の直観的イメージ化とからめて論じられており,結果的に本書のテーマである「数学の直観化」ということがなぜ重要なのかについても,その論理的な基礎を提供する形になっていた。

その意味で本書はこの章が加わることで,初めて内容的に完結したことになるが,ただこの部分は試験を間近に控えた学生にとって直ちに必要というわけではなく,この普及版の趣旨はなるたけ安価な形でそうした学生に本書を広く提供することにある。その観点からすればここはカットした方が適切なのだが,一個の著作としてはもはや内容的に不可分で,ここを切り離した形での出版は事実上できなくなっている。

そのため本書ではやや変則的な体裁だが,「なぜ直観化が必要なのか」ということに関連した部分を抜粋し,それをつなげたものを,やや長めの後記という形でつけておくことにした。ただしカットされた部分は,電子版という形でダウンロードできるようになっているので,目次を見て内容に興味をもたれた方は,18ページのガイドに従ってアクセスされたい(なおダウンロードは無料だが,アクセスの際にはパスワードとして,カバー画に隠されている簡単な問題の答えが必要となっている。そのためガイドを参照の上,このちょっとしたお遊びにお付き合いいただければ幸いである)。

この後記は,現在この普及版を手にとって懐かしい思いを抱かれている,かつての第一版の読者の方にとっても,恐らく面白くお読みいただけるのではないかと思う。中でも特に,三体問題がどうして解けないかの最も単純な理由を知りたかったという方にとっては,この後記は一種その「直観的方法」として,広い視野からそのイメージを得られる格好の

読み物となっているはずである。

　またすでに第二版をお持ちの方のためには，今回の普及版では電子化された部分に新たにもう一つ，非常に興味深い話がさらに加筆されており，そういう方もダウンロードの手間をとっていただければ十分お楽しみいただけるものと思う。

　そのようにこの普及版は，難解な数学のイメージをつかめずに現在悩んでいる最中の学生と，かつての本書の読者で，現在は一線で活躍されている方の双方が，共に興味深く読んでお使いいただけるものとなっている。

　なお当時の雰囲気を伝えるために，以下に第一版への序文もつけておいたので，現在でもなお当時の学生と似たような苦しい立場に置かれている読者は，目を通されるとよいだろう。

　最後に，本書の普及版の出版をご提案され，この本が抱える特殊事情をご理解の上，様々な配慮をしていただいたブルーバックス出版部の篠木和久氏，そして超多忙なスケジュールの中，推薦文をお寄せいただいた東京大学の西成活裕氏に，この場を借りて感謝の意を示しておきたい。

　　2011年8月

　　　　　　　　　　　　　　　　　　　　　　　長沼伸一郎

第一版への序文

　多分私はこういうことをあまり強硬に主張するから、本の「著者の略歴」の欄がこうなってしまうのだろうが、まあ話を聞いていただきたい。

　例えばの話である、あなたが教室の中に入ると、机の上に長さ 10 cm ほどの竹片とカッターが置いてあり、先生がその竹片からカッターで非常に細い棒状の一片を切り出すように言ったとする。

　どういうつもりなのかは良くわからないが、とにかく言われた以上、そうするしかない。そしてカッターを取り上げ、何度か失敗した後、ようやくそれに成功する。

　すると次に先生は、それをバーナーで燃やして黒焦げの糸を作るように言う。依然としてそれが何を意味するのかわからないが、やはりそうするしかない。ところが黒焦げの糸は作ったそばからぼろぼろくずれてしまう。くずれてしまったなら、再び前の工程に戻って最初からやり直さなければならない。

　こんなことを 3 回も繰り返そうものなら、もうあなたの神経は忍耐の限度を越えてしまうだろう。この場合、作業の難しさもさることながら、フラストレーションの主たる源は、先生が初めに、これから作るものが初期の白熱電球のフィラメントなのだということについて、一言コメントしておいてくれなかったことにある。大学の数学の講義というのはえてしてこのようなものであり、一体何のためにそういうことを行うのかについて、あまり明確に語ってくれないのである。

不満はこれだけにとどまらない。目的ばかりでなく，概念自体のあら筋だけでも説明してくれれば，学ぶ側としてもずいぶん楽なのだが，大部分の先生はそれもしようとしない。

　しかしそれをしない理由は，単に不親切や無能力のためではなく，何よりも厳密さというものを絶対的に尊ぶべしという，近代数学の掟に起因する。複雑な概念を大雑把なあら筋にまとめようとすれば，その過程で厳密さをあらかた犠牲にしなければならないからである。

　なるほど厳密さというものを無視したならば，数学の体系がどれほどぼろぼろになってしまうかは容易に想像がつく。しかしながら数学とは本来道具なのであって，そうであればこそ理工系の必修科目になっているのである。もちろん純粋数学の価値を認めないわけではないが，道具としての使い勝手を忘れては本末転倒である。

　そしてまた純粋数学そのものにしても（確かにニュートン，オイラー等の「数学の英雄時代」は去ったのだという言い訳を認めないではないが）応用という本来の目的を見失った結果，厳密さのみを価値としてもつ巨大な迷宮に迷いこんでいるかの感がある。しかし厳密さという新しい目的を見いだした数学者たちは，すでにその迷宮こそ本来の住み家なのだと考えるようになってしまっている（私自身について言えば，学部4年で数理物理を選んで純粋数学に事実上の鞍替えをしたが，応用ということが現代数学にとってもはやほとんど日程にすら上っていないことに対し，疑念を拭い去ることがついにできなかった）。

　しかしこれだけなら別に悪いことはない。ただのゲームなのだと割り切ってしまえば，それに没入することを悪いと決

第一版への序文

めつけることは誰にもできない。

しかしこれによって数学自身が不可解さと神秘性を増した結果，二流の経済学者があやふやなモデルを数学で飾り立ててかくれみのにするようになると，もういけない。そしてまた，そうなってくると数学のインサイダーとしても，その飾りのめっきをはがすまいとするようになってしまう。

しかし厳密さにこだわりすぎることは間違っているのではないか，などということを言うのは難しい。大家がそれを言えばもうろくしたと言われるし，若い者がそんな疑念を強く表明すれば，あいつは数学を何だと思っているのかと白眼視され，道を閉ざされてこういう本でも書くしかなくなってしまうに違いない。第一，そんな疑念をもってしまえば現代の数学の大部分を自ら拒否することになってしまう。

しかし当面，これによって一番苦しめられているのは，純粋数学以外のものを専攻している理工系の学生である。特に物理学を専攻する学生にとっては，厳密さよりもイメージをつかむことの方が重要であるにもかかわらず，今や物理の専門課程の中にある数学全部についてイメージを描くのは，ほとんどの学生にとってあまりにも過重であるように思う。

そこでその重荷を少しでも軽くするために，各種の参考書，専門書が出版されているが，これがまたわかりづらい。しかしそれも当然なのであって，うっかりしたことを書くと，同僚の目が恐ろしい。できるだけ厳密に手堅くまとめたほうが，たたりが少なくてすむので，学生にとって理解しやすいかどうかという点がだんだんお留守になるのである。

しかし理由はこれだけではない。それは，簡単に書くということが思いのほか創意を要するにもかかわらず，それが

（大家の孫引きで全編うずまった本に比べてすら）ほとんど評価されないということなのである。

　長々とした複雑な内容を短くするには，場合によってはそれをヒントに簡略化された概念を新しく考え出さねばならない。壺が大きすぎて決められたスペースに収納不可能なら，別の小さな壺に取りかえるしかない。数学を手短かに解説しようとすると，それはしばしば壺を割って破片をいくつかつなぎ合わせるだけのものに終わってしまう。

　とにかくこれは全然割の合わない仕事であって，そんなことを敢えてやろうとするのは，私のような立場にいるものぐらいなものである。私には気にしなければならない同僚の目はない。

　そんなわけで，本書を書くにあたって留意したのは次の点である。

　まず基本的には，私が学生のときに，こんな本があればいいと思っていたものになるたけ近づけることである。

　そのため第一に，中間のレベルをカバーする方針をとった。つまり一般読者から見れば専門的でありすぎるが，専門家の目からすれば簡略に過ぎるという，一見中途半端なものこそ必要であるというわけである。

　第二に，必要なことがたくさん書いてある本であるよりは，必要でないことがあまり書いていない本にするよう心がけた（これは，本来どうでも良いことにつっかかって何時間もつぶした苦い経験からである）。

　それゆえ式などの厳密性，正確さはかなり犠牲にしたので，細かいことが気になる読者は，式の細部をあまり気にせぬよう願いたい。

第一版への序文

　本書では10項目について取り扱っているが，これは物理学科の学部4年間で扱う内容のうち最も突破しづらい部分をほぼカバーしていることと思う。群論を中心とする代数学が抜けてしまったが，これは私があまり接する機会がなかったからである。また，相対論が抜けてしまったのは，書き始めたらそれだけで一冊分の分量になってしまったからで，機会があれば出したいと思っている。

　この10章はどれも独立して読めるようになっており，読者は必要な章だけを読めば良い。また方針上，要点だけを書いてあるので，普通の教科書との併用は絶対に必要である。一番良いのは，まず普通の教科書に一旦，目を通して，わからなかったら本書を読み，概念の意味をつかんでからもう一度教科書に当たることである。

　本書はその読者として，試験が迫っているのに講義が何を言っているのかさっぱりわからず途方に暮れている，物理学科をはじめとする理工系の学生を，一応想定している。しかしすでに学部を終えてしまった研究者にとっても，得るところは少なくないのではないかと思う（どうやら見たところ，かなり優秀な人でも，本書で取り上げた題材のうち一つや二つは取りこぼしてしまっているようである）。

　たまたま今，この本を立ち読みなどされている物理科，電気科の方，第5章の「ベクトルのrotと電磁気学」ぐらいは，すぐ読めるのでついでに読んでいかれたらどうだろう。これは，この本を書く発端になったものであるし，同僚に話したときに，そういうことだったの，という反応のかえってくることの最も多かったものだからである。また，ベクトル

解析に縁のない学科の人にも，第6章のε-δ論法の話は参考になるものと思う。

　昭和62年6月

　　　　　　　　　　　　　　　　　　　　　　　長沼伸一郎

目 次

普及版への序文 ……………………………………………………… 3
第一版への序文 ……………………………………………………… 9

第 1 章 線積分，面積分，全微分 …………………………… 19
線積分，面積分　23
全微分　25

第 2 章 テイラー展開 ………………………………………… 29

第 3 章 行列式と固有値 ……………………………………… 39
行列式　40
行列式の幾何学的意味　41
固有値について　43

第 4 章 $e^{i\pi} = -1$ の直観的イメージ ……………………… 51

第 5 章 ベクトルの rot と電磁気学 ………………………… 65
rot の意味　68
ベクトル・ポテンシャル　73
rot と電磁波　74

第6章 ε−δ 論法と位相空間 ... 79

不等式の重要性と点列　82
「連続」の表現方法　84
なぜ＞と≧があいまいになるか　87
そのために生じる結末　89
sup の概念　91
コンパクトと一様連続　92
コーシー列について　95
完備について　96
距離の概念　98
位相空間　100
位相幾何学について　103

第7章 フーリエ級数・フーリエ変換 ... 105

基本となる発想　106
フーリエ級数への移行　113
フーリエ級数の区間　120
フーリエ変換　121
微分方程式への応用　123
スペクトル　124
フーリエ変換と線形システム　125
関数の内積と直交関係　126

第8章 複素関数・複素積分 ... 129

複素積分の概要　130
なぜ $\dfrac{1}{z}$ 以外の項は消えてなくなるか　135
コーシーの積分定理──なぜ積分路を変形できるか　146
コーシーの積分公式　152
ローラン級数展開　156

第 9 章 エントロピーと熱力学 ……163

エントロピー増大の法則　165
熱力学におけるエントロピー　168
サイクルのやっかいさ　169
断熱過程の効用　170
エントロピー概念の導入　173
カルノー・サイクルについて　177
エントロピーの数学的性質　183
情報理論とエントロピー　187
統計力学におけるエントロピー　189
場合の数とエントロピー　192
エントロピーの概念の適用限界　197

第 10 章 解析力学 ……201

最速降下線　203
オイラーの微分方程式　209
ラグランジュアン　214
ハミルトニアン　225

やや長めの後記──直観化はなぜ必要か ……231

（第2版所収第11章を改稿）

1. 天体力学の壮大なる盲点　232
2. 三体問題の秘密の扉　253
3. それが文明社会に与えた影響　270

以下の論稿は電子版としてご覧いただけます。詳しくは18ページをご参照ください。
電子版1.「対角化解法」で微分方程式は解けるか
電子版2. 臨界曲線の驚異

解説　西成活裕 ……294
さくいん ……298

カバーイラスト解説

① ルネッサンス時代に使われていた＋記号
② 17世紀にライプニッツが使っていたと言われる ×記号
③ ギリシャ時代に使われていた － 記号
④ 18世紀にフランスで一時的に使われていた ÷ 記号
⑤ 13世紀にイタリアで使われていた √ 記号
⑥ 16世紀にドイツで使われていた立方根記号
⑦ 最初のアラビア数字 1～9（11世紀イスラム圏西部）
⑧ 以上を組み合わせた式で、矢印に沿って読むと 10 になります
⑨ 同様に、望遠鏡に彫り込まれた文字を矢印に沿って計算すると、ある年号の数字になります。答えは、下記電子版をダウンロードする際のパスワードになります。

なお原画は下記サイトで公開されていますので、拡大してご覧になる場合はそちらをご利用ください。

→ http://pathfind.motion.ne.jp/physics/

電子版 (PDFファイル) ダウンロードのご案内

下記 URL からダウンロードできます。

→ http://pathfind.motion.ne.jp/physics/

なお、ダウンロードの際にパスワードが必要となります。パスワードは上記カバーイラスト⑨の文字を矢印に沿って計算した数字です。

第 1 章 線積分, 面積分, 全微分

のっけからずいぶん間の抜けたようなことを述べて恐縮であるが，微分積分学の基本定理について知らない人はいないだろう。

要するに関数 $f(x)$ のグラフを書いたとき，その区間 $[a, b]$ での面積が，$f(x)$ の原始関数 $F(x)$ ——微分すると $f(x)$ になる関数——を用いて $F(b) - F(a)$ で示されるというものである。

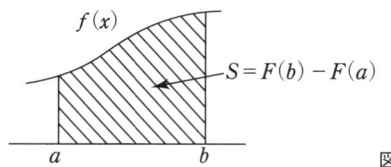

図 1.1

これは，少なくとも理工系の学生にとっては 1+1 が 2 になるのと同じくらいに当たり前のことであって，こんなものにひっかかっているようでは入試に受かる見込みはまずない。

ところがある数学に関するエッセイを読んで，おや，と思ったことがある。そのエッセイの筆者が言うことには，われわれはこの定理をあまりにも当たり前のことと考えているが，虚心坦懐に考えれば，これはずいぶん不思議なことではないか，接線（微分）と面積の間には本来何の関係もないのだから，というのである。

筆者は高校時代，はたから見るとあきれるような誓いを頑なに守り続けた。それは，数学と物理に関しては，授業から学ぶことも人から聞くこともならず，教科書や参考書は目次以外の内容は見てはならないというものであり，それゆえこの基本定理を導く方法についても，普通のやり方とはかなり

第❶章 線積分,面積分,全微分

異なる方式を採用していた。以下に示すのがそれで,どことなくプリミティブではあるが,接線と面積の関係はイメージしやすい。

まずいくつかのブロックを用意し,角と角を接着して階段上のオブジェを作る。そして地上からブロックのてっぺんまでの高さを $F(x)$ で表す。

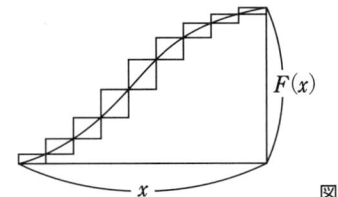

図 1.2

非常に細かいブロックを用意すれば,十分になめらかな曲線を表現できる。

こうして表現された曲線の各点における接線の傾きは,その点のブロックの底辺と高さの比率に等しい。そこで,このブロックの底辺の長さを全て1cmにそろえておけば,それぞれのブロックの高さが $F(x)$ の傾き $F'(x)$ の値に等しいと考えて差しつかえないだろう。

もう少し簡略化するため,このブロック3個ほどで同じことを行う。ここで各ブロックの高さを $f(x)$ とする(つまり $f(x)$ は $F'(x)$ と等しい)。

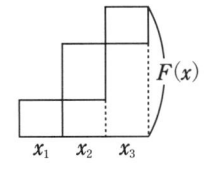

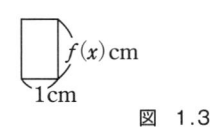

図 1.3

さてここで、このブロック同士をつないでいた接着剤を溶かすなり何なりして、この状態のままブロックを全部地上までコトンと落としてしまう。

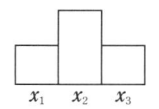

図 1.4

これは x の各点について $f(x)$ の値を示したものであり、いわば $f(x)$ の粗いグラフである。そこでこの $f(x)$ の「グラフ」の面積を求めるわけだが、これは簡単で、ブロックの底辺の長さを1cmにとってあるのだから、3つのブロックの長さを全部足せば良い。すなわち面積は

$$\sum_{i=1}^{3} f(x_i) = \sum_{i=1}^{3} F'(x_i) = F(x_3)$$

であり、$f(x)$ のグラフの面積が原始関数 F の値で示される。

ブロックにもっと細かいものを使って、底辺が1cmより小さいとすると、今言ったことはそのままでは成立しない。つながっていたブロックをコトンといっせいに下に落としたとき、できる $f(x)$ のグラフがひどく平べったくなってしまうためであり、導関数 $F'(x)$ の値はそれを底辺の大きさ Δ で割ったものである。

そのためこの Δ を考慮に入れる必要があるのだが、基本的な考え方には変わりなく、本来無関係なはずの接線と面積が、このようにして結びつけられるのである。

つまらん、と思われた読者も多いと思うが、この基本定理が成立する理由をたずねてみると、口ごもる人が意外に多い。日ごろあまりにもなじみ深いので、かえって疑問を感じなくなってしまうせいだろう。

第 1 章 線積分,面積分,全微分

本書でこれから取り上げていく題材についても同様で,マスターしているということが単に疑問を感じなくなることに過ぎない場合は多いのであり,実はそういう傾向は,この基本定理あたりから始まるものらしい。

線積分,面積分

線積分や面積分については,数式を丹念に追っていけばわかることだと思うので,そんなに長々と述べようとは思わない。ただ,複雑な問題を考えていると,だんだん頭がこんがらがってきて,線積分とは積分路の長さを求めること,面積分とは積分領域の面積を求めることだなどと短絡を起こす場合が意外に少なくない。そこでそんな勘違いが起こらないよう,これらを単純な図にまとめておくことにした。これらについてすでに理解している人でも,この図は覚えておくと良いと思う。

まず関数 $f(x,y)$ の積分路 C に沿う線積分だが,積分路 C は平面上の曲線で示され, $f(x,y)$ の値は高さで示される。このとき,$\int_C f(x,y)\,dr$ の値は,この C 上に立てられた柱の高さ全部の合計(というか,この柱で作られた壁の面積)である。

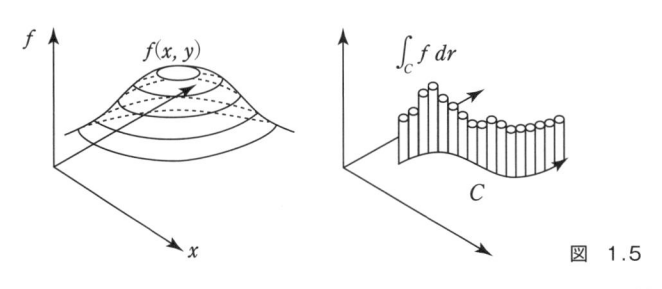

図 1.5

ここでもし,柱の長さを単位長さ,例えば1cmに統一したとすれば,この場合には $\int_C 1 \cdot dr$ は積分路Cの長さと同じ値を示すことになる。

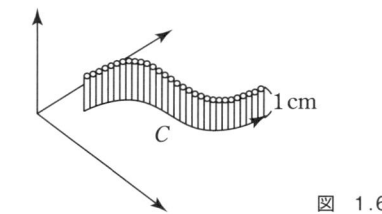

図 1.6

面積分の場合も似たようなものだが,計算は普通二段階に分けて行われる。

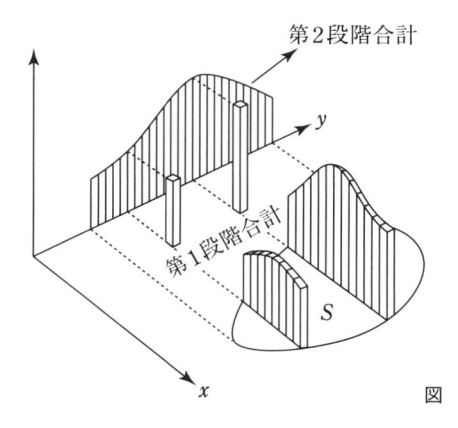

図 1.7

この場合二段階に分けたのは,もちろん計算を容易にするためであって,積分値 $\int_S f(x,y) dS$ が意味するものは,領域Sの上に立てられた柱の長さの総計であり,それはこの柱の

かたまりの体積と同一視できる。

この場合も，柱の長さを単位長さにそろえた$\int_S 1 \cdot dS$は，領域 S の面積と同じ値を示す。

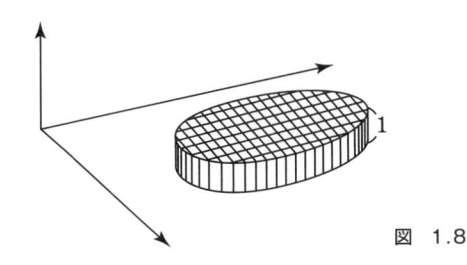

図 1.8

全微分

線積分，面積分についてふれたので，全微分についても一応ふれておこう。

変数が x のみの関数 $f(x)$ の場合，x から dx だけ動かしたときの増加 df は $\frac{df}{dx} \cdot dx$ で表されることは，別に証明の必要はないだろう。

これが変数 x, y の関数 $f(x, y)$ になったとき，x 方向に dx，y 方向に dy だけ動かしたとき，普通，増分 df は $\frac{\partial f}{\partial x} dx + \frac{\partial f}{\partial y} dy$ と書かれ，df は f の全微分と呼ばれる。これは次のように考えれば早い。

要するに辺の長さが dx，dy であるような長方形を考えたとき，x 方向の増分 dx に対する f の増分は $\frac{\partial f}{\partial x} \cdot dx$，$y$ 方

向の増分dyに対しては$\frac{\partial f}{\partial y}\cdot dy$である。この長方形（辺の長さが$dx, dy$）を底面にもつ次の図のような立体を考えたとき，$dx, dy$がともに非常に小さければ，上側の面を平面と考えてよい（dxやdyが比較的大きければ，これは曲面になってしまう）。

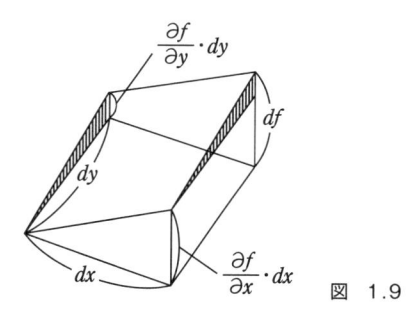

図 1.9

そうだとすれば，dfは図のように$\frac{\partial f}{\partial x}\cdot dx$と$\frac{\partial f}{\partial y}\cdot dy$の和であると考えられる。

$\frac{\partial f}{\partial x}$，$\frac{\partial f}{\partial y}$ともに$x$，$y$の二変数関数だから，$df$は$x$-$y$平面上の積分路$C$上で積分できる。ここで注意すべきことは，二つの異なる積分路C_1，C_2を考えても，出発点と終点が同じであれば，$\int_{C_1}df$と$\int_{C_2}df$の値は等しくなるということである。

出発点と終点が同じ場合，二つの積分路の上での$f(x,y)$の値は例えば図1.10のようになる。

第 **1** 章 線積分，面積分，全微分

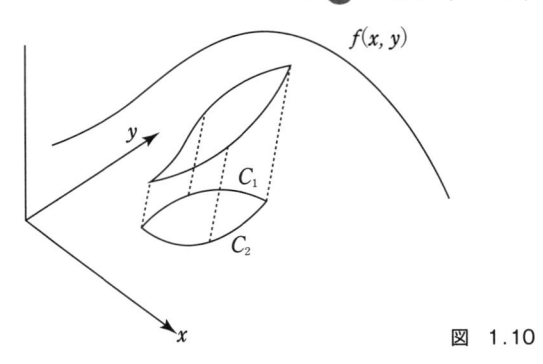

図 1.10

　この中で $\int_C df$ が何を意味しているのかであるが，それには積分路を次の図1.11のようにジグザグ型にして簡略化するとわかり易い。

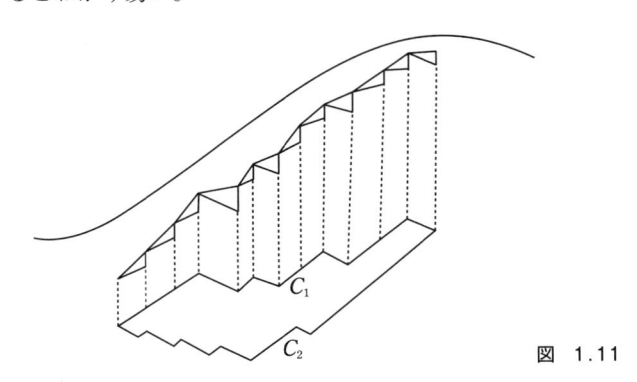

図 1.11

　これを見れば，$df = \dfrac{\partial f}{\partial x} dx + \dfrac{\partial f}{\partial y} dy$ を C_1 に沿って加えていけば，それは結局 f の値の終点と始点の落差そのものであ

27

ることが見てとれる。それゆえ$\int_{C_1} df$と$\int_{C_2} df$は，必然的に等しい値をとることになる。

　これは別に当たり前のことで，わざわざこんなところで書くほどのことはないと思われるかもしれない。

　しかし当たり前であるがゆえに，うやむやにされてしまうことが多く，後に例えば熱力学でこれが登場したとき，大なり小なり混乱を招くことになるのである。それゆえこれも，ちゃんと覚えておいて損はないと思う。

第2章

テイラー展開

テイラー展開というのは，本書で取り上げた題材の中でも，実際に使われることの多いテクニックの一つである。そのため文科系の学部の教養課程の数学でもやらされるらしく，文科系に進んだ私の友人が，あれは一体全体何なのだといってぶうぶう怒っていたのを思い出す。

　しかし彼の不平も，もっともかとも思う。念のため書いておくと，テイラー展開の内容というのは，関数 $f(x)$ があった場合，ある点 x_0 を考えたときそこからちょっとずれた点 x_0+h での f の値 $f(x_0+h)$ を，x_0 の点における，f およびその導関数の値で表現する，つまり

$$f(x_0+h)=f(x_0)+\frac{f'(x_0)}{1!}h+\frac{f''(x_0)}{2!}h^2+\frac{f'''(x_0)}{3!}h^3+\cdots$$

と展開されるというものである。

　ところが私が学部のときに受けた講義では，なぜこういう式が出てくるのかという，その基本的な発想についての満足のいくような説明がなされていなかったように記憶している。そのため私も含めたほとんどの学生は，この式を丸暗記して，とにかく理解するよりも使う方にもっぱら専念し，そのうち理解できないという不満そのものを感じないようになってしまうようである。そんな具合だから，次の代の学生にこれを教えるに当たっては，基本的な発想についての説明をはぶき，その先の難しい話ばかりをすることになる。実際これでは，教養課程でこれを教えられる方はたまったものではなかろうと思う。

　しかしこの概念は，特に，$\frac{f''(x_0)}{2!}h^2$ 以上の項を h が非常に小さいとして無視した場合，大して難しいものではない。つ

第 2 章　テイラー展開

まりこの場合

$$f(x_0+h) \simeq f(x_0) + f'(x_0)h$$

という式が成立するかどうかという問題に簡略化されるわけだが，この式はちょっと変形すれば

$$\frac{f(x_0+h)-f(x_0)}{h} \simeq f'(x_0)$$

となる。何のことはない，これは h をゼロに近くしてやれば，$f'(x_0)$ の定義そのものである。

　このことを幾何学的に言えば次のようになる。$x=x_0$ までの，関数 $f(x)$ のグラフを描き，$f(x_0)$ の点をＡで示す。そしてＡ点から先にグラフをそのまままっすぐ直線に延長し，その直線を斜辺にもつ三角形を考える。つまりＡ点の先に直角三角形を一つつけ加えたわけで，その斜辺の傾きの値は $f'(x_0)$ で示されることになる。

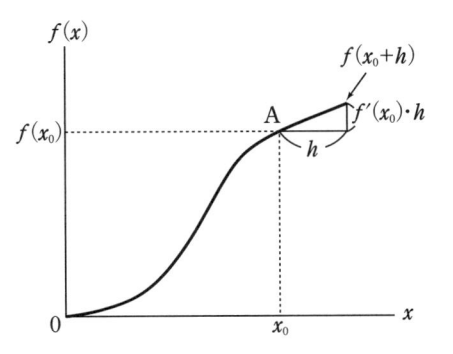

図 2.1

　この直角三角形の底辺の長さを h とすれば，高さは $f'(x_0) \cdot h$ で表される。このときの三角形の一番先のてっぺ

んが，$f(x_0+h)$ の値（にほぼ等しい点）を示すということになる。

そしてこのとき，ゼロから測ったてっぺんの高さが $f(x_0)+f'(x_0)h$ になる。こういったことは，テイラー展開を覚えてしばらくすれば，多くの人が気がつくことになる（と思う）。

しかし次に，h^2 以降の項を考える段になると，ほとんどの人がうやむやにしてしまっているように見受けられる。そこで以下，これについてのアプローチを行ってみることにしよう。

それには幾何学的なアプローチの方がわかりやすい。しかしこの場合，先程のような三角形を用いるやり方は少々不便である。それよりも積み木，ないしブロックを考える次のような方法が便利だと思われる。まず同じ寸法のブロックをいくつか準備し，角と角を互いに接着して，（ちょっと触ったら曲がってしまいそうな）階段状のオブジェを作る。下の図は，3個つなげたものを横から見たものである。

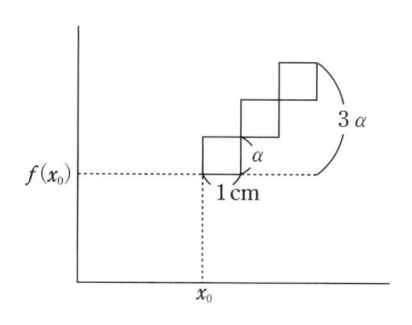

図 2.2

第 2 章　テイラー展開

　それぞれのブロックの寸法は，底辺が 1 cm，高さが α cm とする。これを使って，さっきと同じことをやってみよう。つなげるブロックの個数は（別に何個でも良かったのだが）3個としたので，x_0 から 3 cm 先の値を求めることになる。そしてこれによって増える高さの増分は，ブロック3個分の高さ 3α である。

　そのため，先程の式

$$f(x_0+h) \simeq f(x_0) + f'(x_0) \cdot h$$

に相当するのはこの場合

$$f(x_0+3_{(\mathrm{cm})}) \simeq f(x_0) + \alpha \times 3_{(\mathrm{cm})}$$

になる。今の場合（ブロックの底辺を 1 cm にとったから）ブロックの高さ α の値が，$f'(x_0)$ の値に等しくなっており，このことに注意すれば，この二つの式が完全に同じであることがわかる。

　さて今の場合，傾き α が一定——ブロックの高さが3つとも同じ——として話をしたわけだが，実際はもちろんこの傾きは次第に変化する。つまり $f''(x_0)$ はゼロではない。そこで話は，h^2 の項まで拡張されることになる。

　要するにブロックの高さが次第に大きくなっていくことを考えるわけである。ここでブロックの寸法の増加率を一定，つまり $f''(x_0)$ の値が一定（符合は正）だと仮定すれば，このブロックの上に，さらに薄手のブロックを積み重ねていくのだと考えてよい。そこで，今までのブロックをAブロック，薄手のブロックをBブロックとして，それぞれのブロックを並べて置けば，次ページの図2.3のようになる。

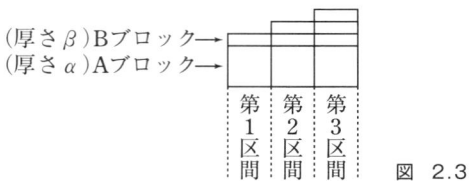

(厚さβ)Bブロック→
(厚さα)Aブロック→

第1区間　第2区間　第3区間

図 2.3

Bブロック一枚の厚さをβとすれば，第一区間のブロックの高さは$\alpha+\beta$，第二区間は$\alpha+2\beta$，第三区間は$\alpha+3\beta$となる。

これらのブロックを先程のように接着して$f(x_0+h)$の値を，もう一段階良い近似で求めるわけである。接着した状態は次の図のようになる。

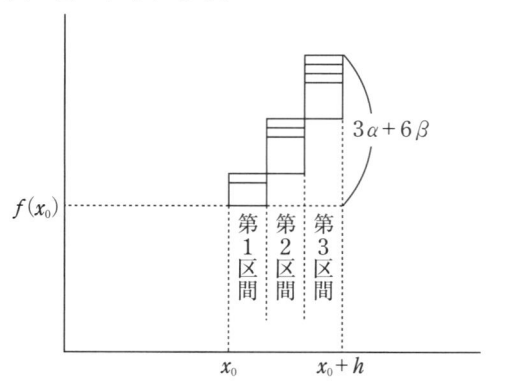

$f(x_0)$

$3\alpha+6\beta$

第1区間　第2区間　第3区間

x_0　　x_0+h

図 2.4

結局$f(x_0+h) \simeq f(x_0)+3\alpha+6\beta$と書かれるわけだが，この$6\beta$というのは次のように解釈される。つまりこれはBブロックを階段状に積み重ねた場合の，横から見た面積だということである。そしてこれをもっと細かく分割して階段のでこぼこをなくすことを考えていく。要するに階段を三角形に近づけていくのである。

図 2.5

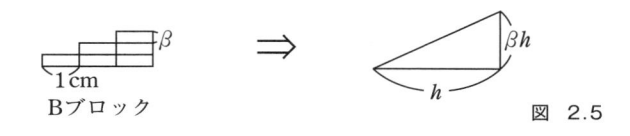

階段状にブロックを積み重ねたものの場合ブロック1個の横から見た面積が $\beta\,\mathrm{cm}^2$ で、これが6個あるのだから、確かに $6\beta\,\mathrm{cm}^2$ になる。一方分割を細かくして三角形にしたものは、ブロック3個が h に対応していたことを思い出せば、底辺が h、高さが βh になるから、面積は $\dfrac{1}{2}\beta h^2$ である。ここで、2という数は 2! と書いても同じことである。また、β というのは $f''(x_0)$ のことであった。それゆえ、三角形を用いるやり方で今の結果を表すと

$$f(x_0+h) \simeq f(x_0) + \frac{f'(x_0)}{1!}h + \frac{f''(x_0)}{2!}h^2$$

と書くことができる。もうかなりテイラー展開らしくなってきた。そこでもう一段話を進めて、h^3 の項までを考えることにしよう。

今度は、Bブロックの高さが次第に変化していくことを考えるわけである。この場合も前と同じように、さらに薄手のCブロックをBブロックに積み重ねるやり方でアプローチを行うことにする。それゆえ話の基本的な部分は前とほとんど同じなのだが、Bブロック自身がAブロックの変化率を示すものであるため、話が二段階になってしまうことは仕方がない。

そのためまず第一段階として、BブロックとCブロックで前のようなオブジェを作ることを考えよう。ただし（これは

話の次の段階のためにそうするのだが）前と違って，オブジェの下部にもブロックをきっちり充填しておく。要するにオブジェを作るというより，単にブロックを段階状に積み上げる。

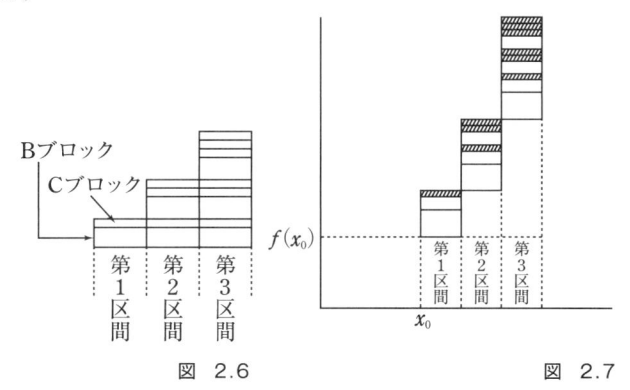

図 2.6

図 2.7

そして第二段階として，こうしてできたブロックの固まりをAブロックの上に積んでいく。この際，今作った階段状のものをそれぞれの区間ごとに分けて，それをまるごと積み上げねばならない（そうすればBブロックの個数を先程と同じにできる）。要するに上の図2.7のようになる。

さてこれで最終的にCブロック何個分の高さがつけ加えられたことになったのだろうか。数えてみると，第一区間で1個，第二区間で3個，第三区間で6個，合計10個がつけ加えられた勘定になる。

そこでこれをどう解釈するかであるが，これは次の図2.8のように三角錐の形にブロックを積み重ねた場合の個数に相当し，Cブロックの寸法を，底辺が一辺1cmの正方形で高さがyとすれば，ちょうどこのかたまりの体積に等しい。そ

してこれは分割を細かくすれば，直角三角錐の体積に近づいてくれるだろう。

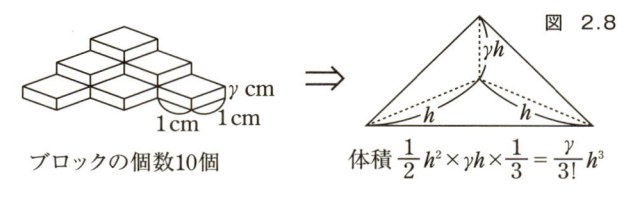

図 2.8

ブロックの個数10個

体積 $\frac{1}{2}h^2 \times \gamma h \times \frac{1}{3} = \frac{\gamma}{3!}h^3$

Cブロックの厚さ γ は $f'''(x_0)$ を意味するから結局

$$f(x_0+h) \simeq f(x_0) + \frac{f'(x_0)}{1!}h + \frac{f''(x_0)}{2!}h^2 + \frac{f'''(x_0)}{3!}h^3$$

という式が導かれる。要するに $\frac{h^3}{3!}$ というのは，三角錐の体積に関係した量であったわけである。それならば，その次の項に出てくる $\frac{h^4}{4!}$ というのは何を意味するのだろうか。一般化のために今までの話を振り返ってみると，h^2 の項のときの平面上の三角形というのは，「二次元の三角錐」と言って言えないことはない。そう考えて一般化すると，$\frac{h^n}{n!}$ というのは「n次元三角錐の体積」ではないかという推定が成り立つ。

ここでは証明は省略するが，やってみると実際これは正しいのであって，気力のある読者はやってみると良い。しかしここから先はそれほど必要なこととも思われない。要するにテイラー展開とは，こうしてブロックを積み重ねていく手順のことであって，n次元三角錐などというのは，話をエレガントにするトリックでしかないからである。

第 3 章
行列式と固有値

線形代数という分野は，もともとそれほど難しくない内容のことを，うまい表現法を用いたことで数学の中で地位を占めたといった性格をもっており，内容それ自体よりも表記法のほうが独創的であったといえる。

　そのため、行列式や固有値というものは単体で直観的なイメージを描こうとしても大して面白いものにはならず、この章もそういう限界を負っている。しかし特に固有値に関しては、後の第11章で予想外の本質が明らかになるため、ここはその下準備と思っていただいてもよい。

行列式

　行列については，高校では天下り的に教えられる場合が多いが，そもそも行列というものは，連立方程式を効率良く記述するために考えられたもので，その演算規則，特に積のそれは，この目的にかなうように定義されている。

　行列式についても同様で，これも連立方程式の解を求める過程で出てくるものである。連立方程式
$$\begin{cases} ax + by = \xi \\ cx + dy = \eta \end{cases}$$
を考えたとき，第一の式に d，第二の式に b をかけると
$$\begin{cases} adx + bdy = \xi d \\ bcx + bdy = \eta b \end{cases}$$
となり，差をとれば
$$(ad - bc)x = \xi d - \eta b$$
で，$ad - bc$ というものが出てくるが，これは行列
$$\begin{bmatrix} a & b \\ c & d \end{bmatrix}$$

の行列式に等しい。一般に線形代数においては，行列式は，どちらかといえば逆行列を求める場合に重要性をもっているとみなされるが，もともとこの連立一次方程式を

$$\begin{bmatrix} a & b \\ c & d \end{bmatrix} \begin{bmatrix} x \\ y \end{bmatrix} = \begin{bmatrix} \xi \\ \eta \end{bmatrix}$$

と書けば，連立方程式を解く作業そのものが，逆行列を両辺に左からかける操作

$$\begin{bmatrix} a & b \\ c & d \end{bmatrix}^{-1} \begin{bmatrix} a & b \\ c & d \end{bmatrix} \begin{bmatrix} x \\ y \end{bmatrix} = \begin{bmatrix} a & b \\ c & d \end{bmatrix}^{-1} \begin{bmatrix} \xi \\ \eta \end{bmatrix}$$

に対応しているため，いずれにせよ行列式が出てくることになる。

行列式の幾何学的意味

ここで，行列式の幾何学的意味について述べておこう。行列

$$\begin{bmatrix} a & b \\ c & d \end{bmatrix}$$

を二つの行ベクトル (a, b) および (c, d) に分け，それぞれが平面上のベクトルを示すものとした場合，行列式の値は，その二つのベクトルが作る平行四辺形の面積に等しくなるのである。

示すのはそれほど大変ではないので，各自で確認されたい。なおこの面積が $ad - bc$ であることは，図3.1右の $\triangle OQR$ と $\triangle cQR$ の面積が等しいことに注目すれば最も早い。

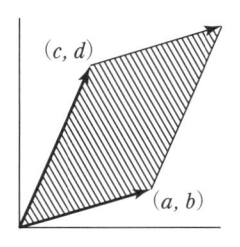

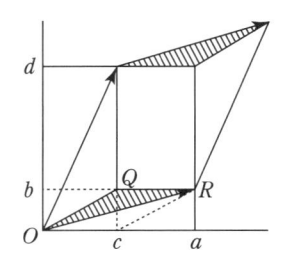

図 3.1

3×3行列の場合，行列式はサラス（サリュー）の方法を使って求めることができるが，これによる値についても似たようなことが言えて，これは三つのベクトルが作る平行六面体の体積に等しい。

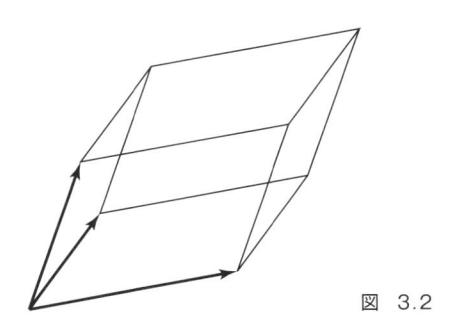

図 3.2

この場合の体積を直接求めるのはかなり骨だが，気力のある読者はやってみると良い。

4×4以上の行列の場合にはこういう便利な方法はないが，表記法の宝庫ともいうべき線形代数は，簡略化された表記法をあみ出している。置換というのがそれで，例えば3×3行列

$$\begin{bmatrix} a_1 & a_2 & a_3 \\ b_1 & b_2 & b_3 \\ c_1 & c_2 & c_3 \end{bmatrix}$$

の行列式をサラスの方法で書き出すと、6つの項が出てくるが、それぞれは、例えば $-a_2 b_1 c_3$ のように、a, b, c おのおのについて番号を一つ選んでそれに符号をつけたものであり、行列式は6つの項の合計である。それゆえ、番号をどういうふうに割り振るかの規則性を記号化できれば、ずいぶん短く記述できる。この、番号をどう変えていくかを示すものが置換である。

これも最初は、単に表記法を簡略化したものに過ぎなかったが、後に代数学の発展に多大な貢献をすることになった。まことに記号の簡略化というのは、それだけで数学上の大成果なのである。

固有値について

では続いて固有値の話になるが、実を言うと第一版ではこれのうまい直観化・イメージ化ができず、むしろ無理にそんなことは行わない方が良いのではないかとして、この部分をしめくくってしまっていた。

しかし第二版（この普及版では電子化部分に収納）では、非常に特殊なケースに限っては面白い直観化ができることが示されており、一応それにも対応できる記述にしておきたい。

さてそもそも固有値とは何かと言えば、それは例えばある行列 A が

$$A = \begin{bmatrix} a & b \\ c & d \end{bmatrix}$$

という具合に与えられていた時，うまく

$$\begin{pmatrix} a & b \\ c & d \end{pmatrix} \begin{pmatrix} x \\ y \end{pmatrix} = \lambda \begin{pmatrix} x \\ y \end{pmatrix}$$

という関係式が成り立つようなλ, x, yの組を求めることである。

つまりある特殊な列ベクトルに対しては，それに行列Aをかけた場合とただの数値λをかけた場合で値が同じになる場合が生じるわけで，こういう特殊で絶妙なケースを探すのが「固有値問題」である。そしてこの場合のλを固有値，xとyの列ベクトルをその固有ベクトルという。

まあこれだけ聞かされても何だかよくわからず，そして何よりそんなことをやると何が楽しいのかがさっぱりわからないというのが，はじめてこれを聞かされた人の感想であろう。

それは実にもっともなことであり，そこでここでは，その目的の方を先に説明する方針をとろう。ただその前に一言雑談をしておくと，この固有値問題というものは量子力学とも関係が深く，固有値を意味する現在のeigen valueという英語は，ディラックが命名したのだそうである。

以下の話はここではさほど必要でないので，単にお話として述べるにとどめるが，量子力学に登場する固有値問題とは，要するに

$$H\psi = E\psi$$

という方程式を解くことなのだが，この場合Eはエネルギーの値のことなので，先ほどのλと同じくただの数である。一方演算子Hはそうではないので，パターンとしては上のものと同じことになる。ともあれそのようにして，波動

第3章 行列式と固有値

関数 ψ とエネルギーの値 E を同時に求めるわけで,この場合 E をエネルギー固有値,ψ をそれに対する固有関数と呼んでいる。

まあそんなことは今はどうでもよい。むしろ重要なのは,固有値という概念があると次のようなことが可能になるということであり,それは「対角化」ということである。それはどういうものかというと,行列 A を

$$\begin{bmatrix} \lambda_1 & 0 \\ 0 & \lambda_2 \end{bmatrix} \equiv \Lambda$$

という「対角行列」Λ を用いて

$$[A] = [P] \begin{bmatrix} \lambda_1 & 0 \\ 0 & \lambda_2 \end{bmatrix} [P]^{-1}$$

と表現することであり,そしてこの場合,Λ の中に対角線上に並んでいるのが A の固有値である(またこの場合,行列 P は固有ベクトルから作ることができる)。

この場合の Λ を A の標準形というが,どうやってこういう形にするかは後回しにして,先にこのようにすることの利点について述べてみよう。

その利点は A を n 乗する際に生じる。一般に行列の n 乗計算には大変な手間を要するが,こう書かれていた場合にはその n 乗は

$$[A]^n = \underbrace{[P]\begin{bmatrix}\lambda_1 & 0\\0 & \lambda_2\end{bmatrix}[P]^{-1} \cdot [P]\begin{bmatrix}\lambda_1 & 0\\0 & \lambda_2\end{bmatrix}[P]^{-1} \cdots [P]\begin{bmatrix}\lambda_1 & 0\\0 & \lambda_2\end{bmatrix}[P]^{-1}}_{n \text{個}}$$

と書くことができ,そして隣接する $[P]^{-1}[P]$ はキャンセルしてくれるため,結局両端の1個ずつを除けば全部消えて,

$$\left[\begin{array}{c}A\end{array}\right]^n = \left[\begin{array}{c}P\end{array}\right]\begin{bmatrix}\lambda_1 & 0 \\ 0 & \lambda_2\end{bmatrix}^n \left[\begin{array}{c}P\end{array}\right]^{-1}$$

という形になる。そして $\begin{bmatrix}\lambda_1 & 0 \\ 0 & \lambda_2\end{bmatrix}^n$ は，中身だけを別個に n 乗すればよいので，これだけの手間で A の n 乗が求まってしまうのである。

こういうことができるというなら，固有値と固有ベクトルの値打ちも大したものだが，ではどうして固有値というものがあると行列をこういう形に書くことができるのだろうか。それはもとの式を整理するだけでそうなることがわかる。

まず，A が2行2列なら，後で見るように固有値も二つ出てくるので，それを λ_1, λ_2 とし，対応する固有ベクトルをそれぞれ $\begin{pmatrix}x_1 \\ y_1\end{pmatrix}, \begin{pmatrix}x_2 \\ y_2\end{pmatrix}$ とすると

$$\left[\begin{array}{c}A\end{array}\right]\begin{pmatrix}x_1 \\ y_1\end{pmatrix} = \begin{pmatrix}\lambda_1 x_1 \\ \lambda_1 y_1\end{pmatrix} \qquad \left[\begin{array}{c}A\end{array}\right]\begin{pmatrix}x_2 \\ y_2\end{pmatrix} = \begin{pmatrix}\lambda_2 x_2 \\ \lambda_2 y_2\end{pmatrix}$$

となる。ここで二つの固有ベクトルを並べて P という一つの行列にまとめ，

$$\begin{pmatrix}x_1 & x_2 \\ y_1 & y_2\end{pmatrix} \equiv \left[\begin{array}{c}P\end{array}\right]$$

とすると，先ほどの二つの式を一つにまとめて

$$\left[\begin{array}{c}A\end{array}\right]\left[\begin{array}{c}P\end{array}\right] = \begin{bmatrix}\lambda_1 x_1 & \lambda_2 x_2 \\ \lambda_1 y_1 & \lambda_2 y_2\end{bmatrix}$$

という形に書くことができる。ところがこの式の右辺の方も P を用いて

$$\left[\begin{array}{c}P\end{array}\right]\begin{bmatrix}\lambda_1 & 0 \\ 0 & \lambda_2\end{bmatrix}$$

と書きかえがきく。つまりこの等式全体は

$$\begin{bmatrix} A \end{bmatrix} \begin{bmatrix} P \end{bmatrix} = \begin{bmatrix} P \end{bmatrix} \begin{bmatrix} \lambda_1 & 0 \\ 0 & \lambda_2 \end{bmatrix}$$

と書かれるわけだから，ここで両辺に左から P の逆行列をかけると

$$\begin{bmatrix} P \end{bmatrix}^{-1} \begin{bmatrix} A \end{bmatrix} \begin{bmatrix} P \end{bmatrix} = \begin{bmatrix} \lambda_1 & 0 \\ 0 & \lambda_2 \end{bmatrix}$$

と書けるのである。そしてこれは逆の形にも書くことができる。つまり両辺に左から P を，右から P^{-1} をそれぞれかけると

$$\begin{bmatrix} A \end{bmatrix} = \begin{bmatrix} P \end{bmatrix} \begin{bmatrix} \lambda_1 & 0 \\ 0 & \lambda_2 \end{bmatrix} \begin{bmatrix} P \end{bmatrix}^{-1}$$

という形になり，結局先ほどの式が出てくるわけである。

では普通とは説明の順序が逆になってしまったが，ここで固有値と固有ベクトルを求める練習も一応やっておこう（少なくとも読者はすでにこういうことを行うことの目的を知っているため，わけもわからず妙な計算をやらされるという不満はもたずにすむはずである）。

通常こうした固有値の演習問題では行列の中身は数字になっているのが普通だが，ここでは次のような少し変わった例題を用いて行うことにする（実はこの例題は後記の電子化部分を読まれる際に役に立つのである）。まずもとの行列を

$$A = \begin{bmatrix} 1 & -\Delta \\ -\Delta & 1 \end{bmatrix}$$

とし（ただし Δ の値には特に意味はない），この固有値を求めてみよう。

この場合，列ベクトル $\mathbf{x}$ を $\begin{pmatrix} x \\ y \end{pmatrix}$ とすると $A\mathbf{x} = \lambda\mathbf{x}$ の式は

$$\begin{bmatrix} 1 & -\Delta \\ -\Delta & 1 \end{bmatrix} \begin{pmatrix} x \\ y \end{pmatrix} = \lambda \begin{pmatrix} x \\ y \end{pmatrix}$$

になるが，右辺は

$$\lambda \begin{pmatrix} x \\ y \end{pmatrix} = \begin{bmatrix} \lambda & 0 \\ 0 & \lambda \end{bmatrix} \begin{pmatrix} x \\ y \end{pmatrix}$$

とも書けるので，もとの式は

$$\begin{bmatrix} 1 & -\Delta \\ -\Delta & 1 \end{bmatrix} \begin{pmatrix} x \\ y \end{pmatrix} = \begin{bmatrix} \lambda & 0 \\ 0 & \lambda \end{bmatrix} \begin{pmatrix} x \\ y \end{pmatrix}$$

となり，右辺を移項して整理すると

$$\begin{bmatrix} 1-\lambda & -\Delta \\ -\Delta & 1-\lambda \end{bmatrix} \begin{pmatrix} x \\ y \end{pmatrix} = 0$$

となる。さてこれが成立するためには次のことが必要である。一般に

$$\begin{pmatrix} a & b \\ c & d \end{pmatrix} \begin{pmatrix} x \\ y \end{pmatrix} = 0 \qquad \text{または} \begin{cases} ax + by = 0 \\ cx + dy = 0 \end{cases}$$

が成り立っているとすれば，上と下の式で係数の比が同じ，つまり $a:c = b:d$ になる（難しく考えないように。当たり前のことである）。つまり $ad = bc$ もしくは $ad - bc = 0$ という条件が必要になるのだが，良く見るとそれは，この行列の行列式が0だということと同等である。

そこで先ほどの行列にもこれを適用すると，そこから λ に関する条件が出てきてくれる。つまりこの場合も行列式が0であることが必要で，そのためには λ が

$$(1-\lambda)^2 - \Delta^2 = \lambda^2 - 2\lambda + 1 - \Delta^2 = 0$$

という二次方程式を満たしていることが必要になる。これが

この場合の「固有方程式」である。そこで単純にこの二次方程式を解くと

$$\frac{2 \pm \sqrt{4-4(1-\Delta^2)}}{2} = 1 \pm \Delta$$

となり，$\lambda = 1+\Delta$ あるいは $\lambda = 1-\Delta$ のときにのみ先ほどの関係が成り立つことがわかる。そこでこれらをそれぞれ λ_1，λ_2 としたものが，この行列 A の固有値だということになる。

さて固有値の方がこうして求まったので，続いて固有ベクトルだが，これは先ほどの式に単純に代入してやるだけでよく，$\lambda_1 = 1+\Delta$ の場合

$$\begin{pmatrix} 1-(1+\Delta) & -\Delta \\ -\Delta & 1-(1+\Delta) \end{pmatrix} \begin{pmatrix} x_1 \\ y_1 \end{pmatrix} = 0$$

より $x_1 = 1$，$y_1 = -1$ でこれが成り立つ。同様に $\lambda_2 = 1-\Delta$ の場合

$$\begin{pmatrix} 1-(1-\Delta) & -\Delta \\ -\Delta & 1-(1-\Delta) \end{pmatrix} \begin{pmatrix} x_2 \\ y_2 \end{pmatrix} = 0$$

より $x_2 = 1$，$y_2 = 1$ で成り立つ。

ではこれを用いて，先ほどの $A = P \Lambda P^{-1}$ の関係式が成り立っているかも見てみよう。まず P は定義より，この二つの列ベクトルを単純に並べればよく，

$$P = \begin{pmatrix} x_1 & x_2 \\ y_1 & y_2 \end{pmatrix} = \begin{pmatrix} 1 & 1 \\ -1 & 1 \end{pmatrix}$$

となる。そしてこの逆行列が P^{-1} であり，また Λ は先ほど見たように二つの固有値を対角線上に並べればよいので

$$\Lambda = \begin{pmatrix} \lambda_1 & 0 \\ 0 & \lambda_2 \end{pmatrix} = \begin{pmatrix} 1+\Delta & 0 \\ 0 & 1-\Delta \end{pmatrix} \qquad P^{-1} = \frac{1}{2}\begin{pmatrix} 1 & -1 \\ 1 & 1 \end{pmatrix}$$

つまり $A = P\Lambda P^{-1}$ の式は

$$\begin{pmatrix} 1 & -\Delta \\ -\Delta & 1 \end{pmatrix} = \frac{1}{2}\begin{pmatrix} 1 & 1 \\ -1 & 1 \end{pmatrix}\begin{pmatrix} 1+\Delta & 0 \\ 0 & 1-\Delta \end{pmatrix}\begin{pmatrix} 1 & -1 \\ 1 & 1 \end{pmatrix}$$

となり，右辺の積を実行してみるとちゃんとこの関係式が成り立っていることがわかる。

ところで一般に対角化ということは，n 乗の手間が非常に簡単になるという利点ゆえに重要になっていたわけだが，実はその目的のためには対角行列以外にも使えるものがあり，例えば

$$\begin{bmatrix} \lambda & 1 \\ 0 & \lambda \end{bmatrix}$$

というものでも同様の効果が期待できる。これは n 乗してみると

$$\begin{bmatrix} \lambda & 1 \\ 0 & \lambda \end{bmatrix}^n = \begin{bmatrix} \lambda^n & n\lambda^{n-1} \\ 0 & \lambda^n \end{bmatrix}$$

という形になる上，P と P^{-1} で挟む同様の表現も可能であるため，ほぼ同程度の用途が期待でき，これを「ジョルダンの標準形」という。そして先ほどの固有方程式がもし重根をもっていた場合，対角化に際して先ほどのような対角行列にはならず，こちらになるのだということを覚えておくとよいだろう。

さて以上のようなことが理解できていれば，とりあえず固有値に関しては十分なのだが，もしさらに進んで，固有値それ自体がもつ意味のイメージを得たいという読者があれば，後記などを参照するとそれが特殊な場合に意外な意味をもつことがわかるかもしれない。

第 4 章
$e^{i\pi}=-1$ の直観的イメージ

$e^{i\pi} = -1$ という式は，数学の公式の中でも，恐らく最も単純で最も神秘的なものの一つである。二つの数値，$e = 2.71\cdots$ と $\pi = 3.14\cdots$，それに虚数単位 i を組み合わせると -1 が出来てしまうというのだから，これは不思議以外の何物でもない。そして何とかイメージをつかもうと懸命になる人が多いのだが，ほとんどの人が途中でそれを断念してしまうものである。そこで，この章ではこの問題に挑戦してみよう。

そもそも e という数は何であったか。復習してみることにしよう。最初これは，指数関数 a^x の微分を考える際，必要とされたものである。a^x の微分を定義通りに書くと

$$\frac{d}{dx}(a^x) = \lim_{d \to 0} \frac{a^{(x+d)} - a^x}{d}$$

であるが，指数関数の最大の特徴は，$a^{(x+d)}$ が $a^x \cdot a^d$ と書けることであって，右辺の中味は

$$\frac{a^{(x+d)} - a^x}{d} = \frac{a^x \cdot a^d - a^x}{d} = a^x \left(\frac{a^d - 1}{d} \right)$$

という書き直しができる。つまり a^x をくくり出すことができたわけで，a^x を微分したものは，もとの a^x に係数 $\displaystyle \lim_{d \to 0} \frac{a^d - 1}{d}$ をかけたものに等しいということになる。ここでもし，a をうまく選ぶことでこの係数を 1 にできたなら，ずいぶんと便利である。そこで次に，そんな a の値を求めることにする。

係数の lim を外した式を 1 に等しいとおく。

$$\frac{a^d - 1}{d} = 1$$

これを a について解くと

第 ④ 章　$e^{i\pi}=-1$ の直観的イメージ

$$a^d = 1+d$$
$$a = (1+d)^{1/d}$$

であり，$d \to 0$ としたときの a の値が e で，

$$e \equiv \lim_{d \to 0} (1+d)^{1/d}$$

以上，大雑把であったが，e の素姓とはこういうものである。つまりもともと e というのは微分を通じてはじめてその意味が明らかになるべきものであって，2.71…という数値が e だと考えるのは話が逆である。

むしろ不思議なのは，この極限値 $\lim_{d \to 0}(1+d)^{1/d}$ が 2.71…などという半端な数値に落ち着くことのほうであると言えなくもない。もっとも，半端な数になる理由は，ちょっと考えればわかることである。一般に，かけ算の体系と足し算の体系は（単位元が，かけ算は1，足し算は0であるのを見てもわかる通り）全く別種の体系である。この場合，指数関数自体はかけ算の体系に属するのに，微分という演算は，引き算の形で足し算の体系をとりこんでしまっている。両方がごちゃまぜになっている以上，きれいな数値にまとまることはあまり期待できないわけである。まあこのことは今は大して重要ではない。

では e についてはこれで良いとして，次に i という数は何だっただろうか。これについてわれわれが知っていることといえば，つまるところそれを2乗すると -1 になるということ以外何もないと言ってよく，例えばりんごが i 個ある状態を頭の中にイメージできる人というのは，まずいそうにない。

そこで，数直線の助けを借りて，i についてもう少し考え

てみよう。しかし直接 i を考えるのは難しいので,まず -1 から考えていくことにする。

数直線上の実数 α に -1 をかけて $-\alpha$ とすることは,数直線の上ではどんな操作と解釈できるのだろうか。それは原点を中心に反対側の位置に移すことであり,α をベクトルだと考えると,-1 をかけることは,ベクトル $\overrightarrow{\alpha}$ を長さをそのままに,向きだけを原点を中心として回れ右(もしくは回れ左)させてしまうことであると言える。

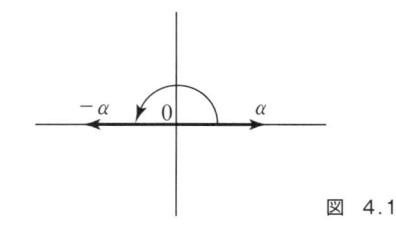

図 4.1

では同じように,α に i をかけるとはどういうことなのだろうか。言うまでもないがこの場合,i を2回かけることが -1 を1回かけることに等しいということから考えていかねばならない。

今見た通り,-1 をかける操作とは要するに回れ右(左)のことであった。ここでもし,ある操作があって,それを2回連続して行うと回れ右をしたのと同じ結果になるとしたならば,その操作とはどんなものだろうか? 当然それは右向け右(もしくは左向け左)に決まっている。数直線を平面に拡張して複素数を表せるようにしたガウス平面というのも,結局こういう考えに基づいており,実軸を90°回転させた位置に虚軸が置かれている。

第 4 章　$e^{i\pi}=-1$ の直観的イメージ

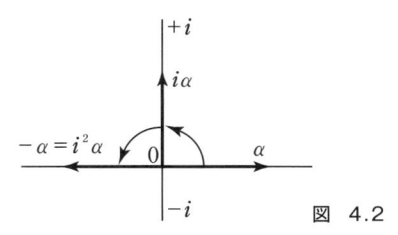

図 4.2

　このガウス平面では，i をかける操作は左向け左を意味しているが，回転方向が左であること自体には大した意味はない。これは単に，数直線では右側を正にとるよう定められていること（これは多分われわれの多くが右ききだったから）と，虚軸の $+i$ を（多分見やすいように）上側にとったことの二つによって，i をかける操作の回転方向が左に決まってしまっただけの話である。

　i をかける操作が左に 90°回転させることに相当するというのは，α が一般の複素数の場合にも言える。複素数 $\alpha = x + iy$ に i をかければ $ix - y$ となるが，この場合もベクトル α は左に 90°回転している。

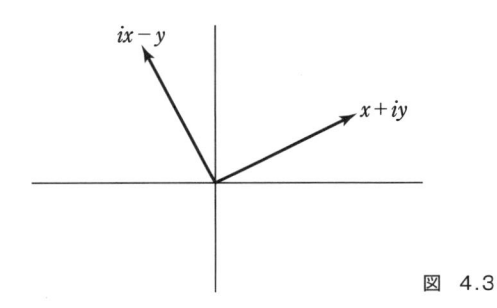

図 4.3

　以上のことから，e と i には共通する点が一つあることがわかる。それは，これらの数の意味が，ある演算ないし操作

——eの場合は微分，iの場合は2乗——を通じて間接的にしか理解できないという点である。

このことは，ちょっと昔の船の航海術を思い起こさせる。現代では，船の航行に際しては航行衛星を利用することができ，これによって船は極めて正確に自分の位置を知ることができる。しかし昔の帆船の航海術たるや，よくこれで目的地にたどり着いたものだと思えるぐらいに心もとないものだった。

よく映画などでは，船員が六分儀などの測定器具を使って天測によって自分の位置を割り出しているが，実はあれでわかるのは現在位置の緯度だけなのであって，経度を直接測定する方法というものを，当時の船員たちは何一つ持ち合わせていなかったのである。しかし経度はわかりませんでは話にならない。そこで彼らはたとえ間接的な方法を用いても，なんとかこれを割り出さねばならなかった。

通常とられた方法は次のようなものである。まず船の速度を測定する。しかしこの測定がこれまた心もとないものであって，ハンド・ログという，ロープのついた木片を船から海に投げ入れ，木片の抵抗に引きずられてくり出されるロープの長さによって速度を求めるのである。

見るからに不正確なやり方ではあるが，一応求まることは求まる。こうして求めた速度に，大型の砂時計などで測った時間tをかければ，船がこれまで走った走行距離が求まる。

一方，船の針路について知るにはこれほどの手間は要さず，羅針盤を使えばどの方角に向かっているのかを正確に知ることができる。そして最後に海図をもってきて，針路と走行距離をプロットすれば，海図の上に経度を含めた現在位置

第**4**章　$e^{i\pi}=-1$の直観的イメージ

が示されるというわけである。

　e^{it}と今の話が似ているというのは次の点である。つまりe^{it}の値というのも、経度と同じく直接考えることは本来難しい。針路と速度をしっかり監視しながら、出発点からコースを克明にたどっていって、複素平面上のどの点にたどり着くのかを見るしかないという点が共通しているのである。

　もう少し言えば、速度の決定に影響を及ぼしているのはeである。なぜならeの性質は微分を通じてしか理解できないが、微分というのは速度を求める操作に他ならないからである。一方iの属性というものが複素平面上の左向け左に当たることからすれば、針路の決定にiが主として影響を及ぼしているのは明らかである。このようにしてわれわれは、速度と針路のみをにらみながら複素平面の上を航行するわけである。

　$e^{\alpha t}$という関数をこういう観点から考え直した場合、パラメーターtはもちろん時間であり、$e^{\alpha t}$の値そのものは、複素平面上の位置を示す。だがここでは簡単のために、ひとまずαを実数として数直線上で話を進めることにしよう。

　αが実数ならば、$e^{\alpha t}$の値は直接求まるから、本来ならわざわざこんな面倒なことをする必要はないのだが、ここでは出発点からコースをたどる考え方で行くことにする。

　まず出発点の位置だが、これは$t=0$のときの値、つまり$e^0=1$で、数直線上の$+1$の点が出発点である（これはαが複素数でもこうなる）。そして速度に関しては、この関数の微分、つまり$\alpha e^{\alpha t}$によってその値が示される。一方針路であるが、ここでαが正の実数であれば、針路はまっすぐ数直線上の正の方向を向いている。

われわれにとっては関数 $e^{\alpha t}$ の性質はすでに十分周知のことであるから，この結果は単にその確認でしかない。しかしともかく，原点からの距離 l に α をかけた速度で，出発点から右に針路をとって進んでいくのである。つまり原点から遠ざかるにつれ，速度は速くなる。

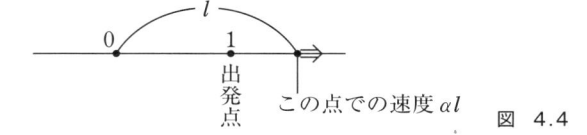

　　　　　　　　　　　l
　　　──●─────●─────●══⇒───
　　　　　0　　　1　　この点での速度 αl　　図 4.4
　　　　　　　出
　　　　　　　発
　　　　　　　点

　では次に，$e^{-\alpha t}$ の場合はどうだろう。この場合の速度は $-\alpha e^{-\alpha t}$ になる。この値が負値であることは，当然ながら速度のベクトルが左方向を向いていることを意味している。そして出発点はやはり前と同じだから，この場合のコースは数直線の1の点を出発して左向きに原点に向かって進んでいくものである。一方速度については，その大きさがやはり原点からの距離に比例するので，この場合原点に接近するにつれて速度は鈍くなっていき，原点そのものに到達するには無限の時間がかかる。われわれが良く知っている $e^{-\alpha t}$ の性質通りである。

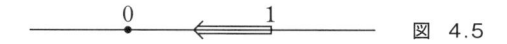

　　　　　　　　0　　　　　　　　1
　　　──────●─────⇐══──●───　　図 4.5

　なおこの場合，$e^{-\alpha t}$ が実数値であること，つまり位置ベクトル $e^{-\alpha t}$ の方向が常に数直線上の正の方向に一致していることのために，これにマイナスをかけることの意味がちょっと不明確になってしまっている。これは別に，速度が数直線の負の方向を向くことを直接意味するわけではない。これが直接主張するのは，位置ベクトル $e^{-\alpha t}$ の向きを180°回転さ

せたものが速度の方向なのだということであって、今の場合はたまたま e^{-at} がまっすぐ右を向いていたから速度が左を向いていたのである。それゆえ、もし位置ベクトルが数直線とは無関係の方向を向いていた場合、それにマイナスをかけたものは常に原点の方向を向くことになる。

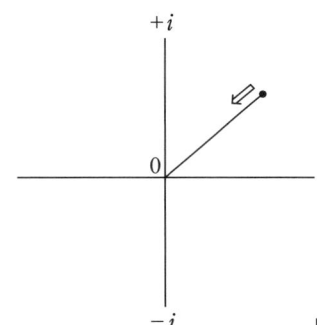

図 4.6

要するに、e^{at} という関数は、船の航行を例にとれば次のようなモデルに一般化して考えることができるのである。まず、原点を地球の北極点と考える。そしてこの点に、発振器つきのビーコンか何かが設置されているとする。一方この附近にいる船にはこれを受ける受信器があって、この電波により北極点のビーコンとの間の距離が測定できる。船の受信器にはエンジンのスロットルレバーが連動しており、北極点からの距離が遠ければ遠いほどスロットルは開かれてエンジンの出力は増す。

つまりこの船は、北極点から遠ざかれば遠ざかるほど(その時の針路がどの方向を向いているにせよ)高速で航行し、逆に北極点に近づけばスロットルは絞られて船の歩みは遅くなる。北極点の真上では事実上スロットルは完全に閉じら

れ，船はストップすることになる。

α に -1 や i をかけることが，その時点での船の針路の決定に影響を与えることを意味するのだという解釈でいけば，このモデルは $e^{i\alpha t}$ の場合にも無理なく適用されるだろう。

i についての話というのは，結局 -1 の場合に少し手を加えてやれば良い。つまり -1 の場合のベクトルの180°回転を90°回転に変更すれば良いのである。出発点が数直線上の1の点であることはこの場合も共通だが，出発点での針路は，-1 の場合の180°を90°に改めると，それは数直線と直角の方向を向くことを意味する。

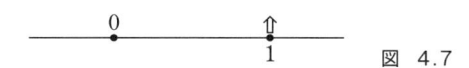

図 4.7

このようにして関数 $e^{i\alpha t}$ の針路は出発と同時に数直線から外れて複素平面上に乗り出すことになる。ではそれ以後の針路はどうなるのだろう。速度の値は，$e^{i\alpha t}$ を微分して $i\alpha e^{i\alpha t}$ であるから，これも $-e^{-\alpha t}$ の場合をもとに考えれば良い。$-e^{-\alpha t}$ のときは，位置ベクトルが数直線沿いでない一般の方向を向いていた場合，その速度ベクトルの向きは，位置ベクトルを180°回転させたものに等しかった。これを90°に直すのだから，$e^{i\alpha t}$ の速度ベクトルは常に位置ベクトルに直角である。船の場合で言えば，北極点を常に左側真横に見るよう舵がコントロールされていると見るべきである（次ページの図4.8)。

こういう舵のとり方をする以上，そのコースはどうしても円になるほかない。そして出発点が数直線上の1の点であることを考えれば，結局コースは半径1の円になるしかないのである。

第4章　$e^{i\pi}=-1$ の直観的イメージ

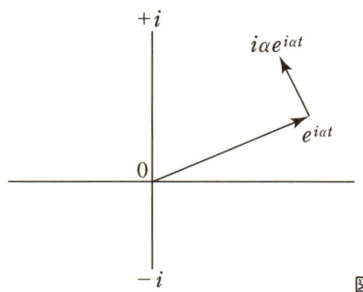

図 4.8

ここまで整理すれば，$e^{i\pi}=-1$ の直観的イメージまであと一歩である。さて出発点が1の点であるから，この船を北極点から1カイリの点に置く（船が氷で進めない，などということはこの際考えない）。ここで，複素平面と対応をつけて，虚軸を境に右側を東半球，左側を西半球とみなす。つまり実軸の正の部分は東経90°の線，負の部分は西経90°の線に相当するので，出発点は東経90°，北極点より1カイリの点だということになる。さてこの船を，出発点とは北極点をはさんで対称の点，つまり西経90°，北極点より1カイリの点までもっていくにはどうすれば良いか？

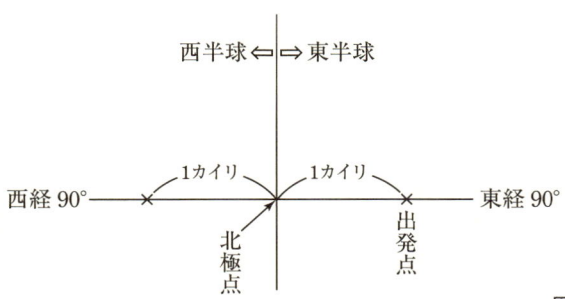

図 4.9

前にも述べたように，直通で行こうとすれば北極点の上を通過しなければならず，船は止まってしまう。しかし北極点をうまく避けさえすれば，西半球へ行く——このとき関数の値は負になる——ことは十分に可能である。そこで迂回コースを見つけるわけだが，この場合最も単純な形の迂回路は，半径1カイリの円だろう。そしてこれは e^{it} という式で記述されるコースである。

　残った問題は，到達に一体どのくらい時間がかかるかである。船の速度は，e^{it} のコースが北極点から距離1カイリを保つのだから，毎時1カイリ（1ノット）である。それゆえ時間の方は，半径1カイリの円周上を1ノットで走るのだから，π 時間かかる。

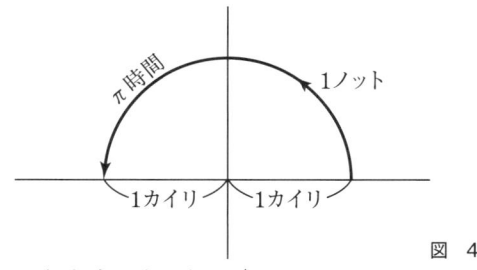

図　4.10

　このことを式にすると，$e^{i\pi} = -1$。

　このように，どれが何に相当するのかをしっかり頭に入れておきさえすれば，こんなかなり素朴な道具立てで $e^{i\pi} = -1$ のイメージを描き出すことができるのである。

　この式については，かつてオイラーが「真の数学者とは $e^{i\pi} = -1$ という式の正しさが（計算用紙を介さずに）理解できるものである」といった意味のことを言ったと伝えられている。オイラーがもっていたイメージがどんなものだったか

は知るよしもないし，またこれと同じだったとも思わないが，それは存外，こういった素朴な感じのものだったのかもしれない。

第 5 章
ベクトルのrotと電磁気学

ベクトル解析というものをやる目的については，恐らく説明の要はあるまいと思う。だいたいこれは，電磁気学をやるうえで必要欠くべからざる道具であって，目的と手段は，ほぼ並行して教えられるのが普通である。

　ところが私の見た限り，ベクトル解析をマスターする過程では，ローテーションというものの意味をちょっとつかみかねて挫折してしまう人というのが，意外に多いのである。また，マスターした人にしても，結局公式を丸暗記して計算に習熟することを行ったのであって，必ずしも意味を把握したというわけではないようである。

　実はかく言う私も学部の間は，ローテーションの意味については，教科書に載っているストークスの定理による解釈で我慢しており，もっと単純で基本的な意味について気づいたのは，ようやく大学院の一年か二年ごろである。

　学部二年かそこらの内容の意味がつかめるのが大学院生になってからというのは，いかにも遅い。私はそう思ったが，このことを私のグループで非常に優秀だった友人に白状したのである，実はローテーションの意味というのが今ごろようやくわかったよ，と。そう言ったところ，彼は私の袖を引っぱって言うのである。ちょっちょっちょっと，ローテーションって本当は一体どういう意味なの？

　そして何人かの友人に当たってみた結果，おぼろげにわかったのは次のようなことである。まず第一に驚いたのは，相当優秀な人でも明確なイメージを描いていた人はいなかったということである。第二に，誰もが，理解していないのは自分だけであって，周囲は皆これを理解しているに違いないと思いこんでいるらしいこと，そして第三に，目についた限り

第 5 章　ベクトルのrotと電磁気学

のベクトル解析の教科書は，いずれもこれに関してエレガントではあるがイメージの描きにくい説明方法をとっており，もし意味を書いてある本が存在していたとしても，学生がそういう本を掘り出すのは容易でないことである（少なくとも私は掘り出せなかった）。

電気科などではどうか知らないが，少なくとも物理科での事情はこんなところである。しかしここに一つの疑問があり，それは，はたしてこれが学生だけの現象なのだろうかということである。

数学の歴史の中でベクトル解析を築き，公式を書き下した人々は，確かにその意味を知っていたに違いない。しかし次の世代に伝える時は，なるたけ数学的にエレガントな形で行うのが普通である。プリミティブな意味というのは，わかってしまえばひどく当たり前で，それをわざわざ伝えるのは，何か間が抜けたように感じられるためである。

しかし人間の頭脳のもつ最大のパラドックスとは，理解することに関しては複雑なことより簡単なことの方がわかり易いが，自分で発想を得ることに関しては，複雑なことより簡単なことの方がはるかに難しいということである。それゆえエレガントに整形された理論を伝えられた第二世代全部が，もとの簡単なイメージを自分で描き出せるという保証は必ずしもない。

そういったことは現代まで続いているわけで，現在ベクトル解析をマスターし終えている研究者のうち，どの程度が原点に戻ることができているのか，全く見当がつかない。そもそも学者の世界では，誰がどの程度理解しているのかを外から知るのは難しい（実際この人間の頭脳のもつパラドックス

ゆえ，いずれにせよそれは調べることは無理で，永遠の謎となるに違いない）。

今までのいきさつからすれば，原点に戻った考え方がすでに失われている可能性も（そんなことはないとは思うが）完全なゼロとは言い切れないものがあり，そんな思いが結局私をしてこの本を書かしめるに至ったのである。

rotの意味

前おきが長くなったが，本題に入ろう。通常ベクトル解析では div と rot を同時に教える。このうち div については比較的意味をとりやすい。

$$\mathrm{div}\,\vec{A} = \frac{\partial A_x}{\partial x} + \frac{\partial A_y}{\partial y} + \frac{\partial A_z}{\partial z}$$

という式のイメージをつかむことはそれほど難しいことではなく，例えば x 方向の流れ A_x が，ある小さな箱型の部分を通り抜けたとき，通り抜ける前より流量が増えていたとすれば，それはその箱の中に流量を増やす作用があるということであり，流量の増分が $\frac{\partial A_x}{\partial x}$ である。

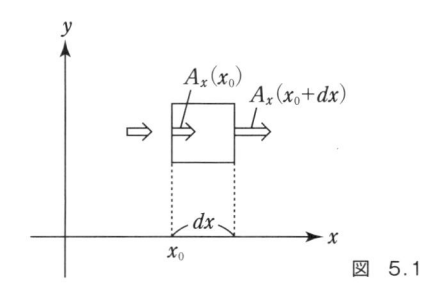

図 5.1

第**5**章　ベクトルのrotと電磁気学

そしてそれをy方向，z方向についても求めて全部合計してしまえば，それが箱からのわき出し，発散を意味するものだということは，比較的容易にわかるからである。

ところが同じ調子でrotの意味をつかもうとすると，これがさっぱりわからない。例えば$\mathrm{rot}\,\vec{A}$のz成分は

$$(\mathrm{rot}\,\vec{A})_z = \frac{\partial A_y}{\partial x} - \frac{\partial A_x}{\partial y}$$

である。そして教科書には，これはベクトル場の回転を意味するのだと書いてある。

ところがなぜこれが回転なのかを知ろうとして読み進んでいくと，たいていの場合そこにはストークスの定理とベクトル解析の公式を使った証明が書いてあるだけなのであって，読者が一番知りたいこと——なぜA_yをxで微分するのか？ なぜA_xをyで微分するのか？　なぜマイナスがつくのか？——に対する解答がない。このため大多数の読者はrotの意味をつかみかねてしまうのである。

そこでここでは，この単純な問いに対する単純な解答を与えることにしよう。ずばり結論を言ってしまうと，rotの意味というのは，ベクトル場を水流と考えたとき，その流れの中にある微小な水車の回転速度と解釈できるのである。

しかし水車といっても，農家で目にするような，下の部分しか水につかっていないものを考えてはならない。今われわれが考えるのは，完全に水没している水車である。ところが外輪式の潜水艦がさっぱり前に進まないのと同様，水没した水車はただ水が流れているだけでは容易に回らない。水車が水中で回るには，どういう条件が必要なのだろうか。

いま，z軸を中心軸にもつ水車をx-y平面上に置いてみよ

う。そして単純化のため，流れはy方向のみとする。さてこの場合，流れが完全に一様であったならば水車は回らないが，ここで$x>0$の領域（右半分）と$x<0$の領域（左半分）で流れの方向が逆だったと仮定しよう。

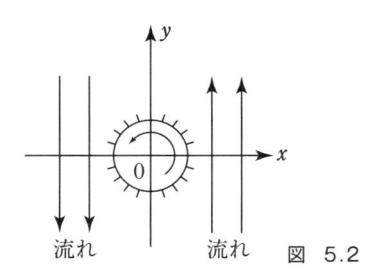

図 5.2

このようであれば，原点に置かれた水車はちゃんと左回りで回転してくれる。しかし条件をもう少しゆるくしてやっても，水車は回転するのである。すなわち，水車の右側と左側で流速に差がありさえすれば良いのであって，この場合の水車の回転速度は，その流速の差に比例することになる。

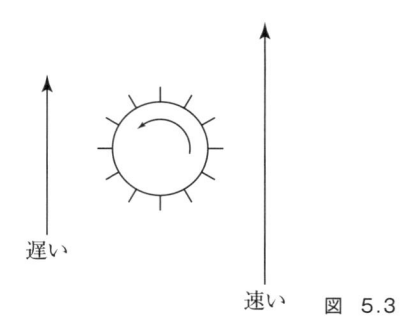

図 5.3

第 5 章　ベクトルのrotと電磁気学

ではこの水車の回転速度は（軸の摩擦がないとして）どういう値になるだろう。流速を示す関数を A_y、水車の直径を d とすれば、両側での速度の差は $A_y(x+d) - A_y(x)$ である。

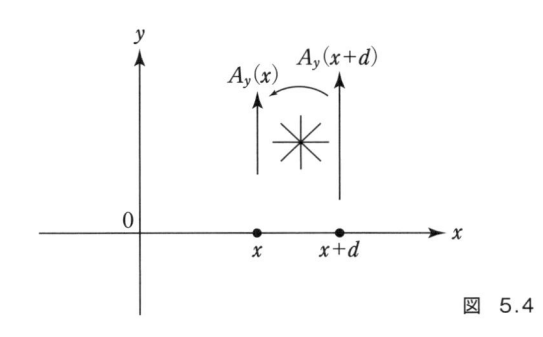

図 5.4

そしてこの速度差がトルクとして水車に作用するのだから、回転速度はそれを水車の直径で割った

$$\frac{A_y(x+d) - A_y(x)}{d}$$

となる。

ここで水車の直径を無限小にしてやる、つまり $d \to 0$ とすれば

$$\lim_{d \to 0} \frac{A_y(x+d) - A_y(x)}{d} = \frac{\partial A_y}{\partial x}$$

となって、$\frac{\partial A_y}{\partial x}$ の正体が明らかになった。

今考えたのは、流れの y 方向成分のみに関してである。流れが x 方向成分をもっていた場合、当然それも考えて加算せねばならない。ここで第二項の $\frac{\partial A_x}{\partial y}$ が出てくるのだが、一

つ注意しなければならないことがある。それは、先程の第一項の $\frac{\partial A_y}{\partial x}$ は左回りを意味しており、それに加算するにはこの場合も左回転でなければならない。

ところが今度の場合、座標系の関係上、$y+d$ の位置での流速が y の位置でのそれより遅くなければ、水車は左回りをしない。この点、先程とは逆なのである。

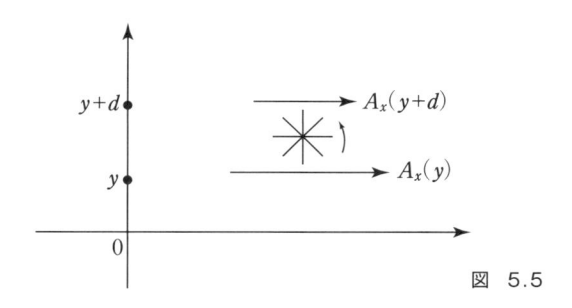

図 5.5

つまり $\frac{\partial A_x}{\partial y}$ それ自体は右回りの回転速度を示しているわけで、それを左回りの速度にしようとすれば、符号を逆にしなければならない。マイナスの符号の正体はこれだったのである。そして以上を加算すれば

$$\frac{\partial A_y}{\partial x} - \frac{\partial A_x}{\partial y}$$

であり、$(\mathrm{rot}\,\vec{A})_z$ の意味とは結局、z 軸を回転軸にもつ半径無限小の水車が、左回りにどの程度の速度で回転するかを示していることが明らかになった。

同様に、x 軸と y 軸を中心軸にもつ水車についても考えれ

ば，rot $\vec{A}$ についての説明は一応完了する。

ベクトル・ポテンシャル

ここまで理解できれば，それをもとにストークスの定理のイメージを描くことは（ちょうどガウスの定理の場合と同様に）十分可能だろう。それゆえ本書ではそれは省略し，電磁気学の中に登場するrotについて述べておくことにする。

まず最初に，ベクトル・ポテンシャルについてふれておこう。電場（電界）$\vec{E}$の場合，$\vec{E} = \text{grad}\,\phi$ となるようなポテンシャル ϕ を考えることができるが，磁場 $\vec{B}$ の場合，$\vec{B} = \text{rot}\,\vec{A}$ となる $\vec{A}$ を考えることができ，これはベクトル・ポテンシャルと呼ばれる。

$\vec{A}$それ自体ベクトルなので，向きをもっている。それならその向きは一体何を意味するのだろうか。$\vec{B} = \text{rot}\,\vec{A}$ という式に先程の水車の考えを適用すれば，それは $\vec{A}$ という流れの中に小さな水車を入れた時，水車の中心軸の向きに回転速度に比例する強さの磁場が生じているということになる。

これは次のようなイメージを描いてみると，最もすんなり頭に入るだろう。中心軸に磁力線の「発射器」が置かれ，必要なエネルギーをタービンの回転から得ているとする。この「タービンつき磁力発射器」をある「流れ」——それは磁力線でも電気力線でもなく，物体を動かす力もない，ただタービンの羽根だけに反応してそれに力を及ぼすことができる流れである——の中に入れたなら，流れの状態によってタービンが回り，中心軸方向に磁場が生じるだろう。

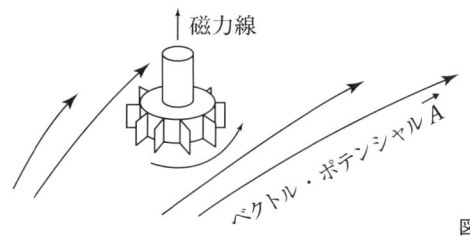

図 5.6

　そしてタービンの中心軸を x, y, z 方向の三種類考えれば、どんな方向の磁場も作ることができる。言うまでもなく、この「流れ」がベクトル・ポテンシャル $\vec{A}$ に相当する。ベクトル・ポテンシャル $\vec{A}$ の流れが定常的であれば、タービン群は安定した磁場 $\vec{B}$ を供給し続けることができる。

　物理学は、別にこの「流れ」が実在のものであるとは必ずしも主張していない。ただ、われわれの目に見えないこのタービンと流れの組み合わせがもしあったとしても、電磁気学の中に不都合は何一つとして生じないということ、そしてこの仮想的な流れを考えてやると、しばしば非常に便利なことがあるということが重要なのである。

rotと電磁波

　次に、マックスウェル方程式と電磁波について述べておこう（ただし細部は全て省くので、教科書とつき合わせて補っていただきたい）。

　電磁波の存在は、マックスウェル方程式によって数学的に予言される。しかしその電磁波がどういう具合にマックスウェル方程式を満たしているのかを直観的に見ることは難しい。これも rot が邪魔をしているのである。

第 5 章　ベクトルのrotと電磁気学

マックスウェル方程式の中で、電磁波をつくる上で決定的な役割を担っているのは

$$\mathrm{rot}\,\vec{H} = \frac{\partial \vec{D}}{\partial t} + \vec{i}\ (ただしこの場合\vec{i} = 0 となる)$$

$$\mathrm{rot}\,\vec{E} = -\frac{\partial \vec{B}}{\partial t}$$

の二つの式である。一方現実の電磁波というのは、電場と磁場が波動になって互いに直交したものである。

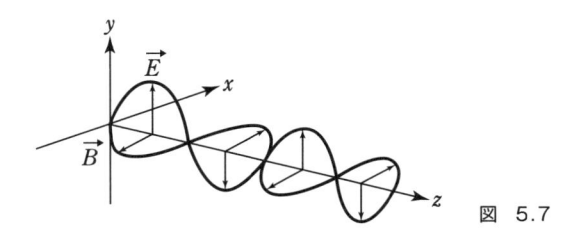

図 5.7

ここでどのようにして前の二つの式が当てはまっているのだろうか。それにはやはり、水車を電場か磁場の中に入れてみれば良い。電場の中に図5.8のように水車を入れれば、ちゃんと左回りに回る。この場合、電場に関しては中心軸がx方向のものだけで、yとzのものは回らない。

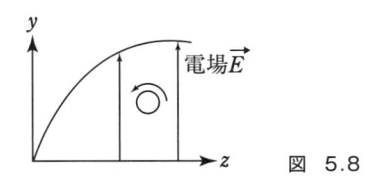

図 5.8

この左回転の強さが rot $\vec{E}$ を示し，マックスウェル方程式より

$$\text{rot } \vec{E} = -\frac{\partial \vec{B}}{\partial t}$$

で $\vec{B}$ の時間的変化に結びつく。

このことから，$\vec{B}$ の時間的変化は，水車の軸方向（この場合は x 方向）にしか起こらず，またこの場合の変化は減少である。もし水車が右回転であれば，増加となる。

そこで図5.9のように二つの水車を考えると，左側は左回転，右側は右回転である。それゆえ磁場 $\vec{B}$ の最初の形が図のようだった場合，時間の経過によって磁場 $\vec{B}$ は右の図のように変化する。

図 5.9

これとは逆に，磁場 $\vec{B}$ が電場 $\vec{E}$ に与える影響も，

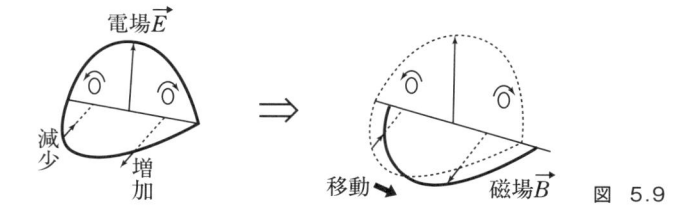

$$\text{rot } \vec{H} = \frac{\partial \vec{D}}{\partial t}, \quad \left(\frac{1}{\mu_0} \text{rot } \vec{B} = \varepsilon_0 \frac{\partial \vec{E}}{\partial t}\right)$$

によって，今と同様に考えることができる。

そして両者を組み合わせると，お互いに垂直な波形がある速度で前進する形をとることになる。そして前進速度は，$\vec{B}$ を $\vec{H}$ に変える μ_0 と，$\vec{D}$ を $\vec{E}$ に変える ε_0 に関連した値，

$c = \dfrac{1}{\sqrt{\varepsilon_0 \mu_0}}$ になるのである。

　電磁場を記述するマックスウェル方程式において，ローテーションが主要な役割を担っており，そしてローテーションが水車のモデルで考えることができるとするなら，それは実際の電磁場について考えるときにも役に立つように思う。

　大体において，モデルというのは洗練されるにつれて，次第に単純なものに席を譲るべきものである。それゆえ電磁場というものの本質について想像をたくましくする際，水車あるいはそれに類するものを用いたモデルがかなり本質的なものである可能性は，少なくない。本書ではこれ以上述べる余裕はないが，物理をやっている方は，このことを心に留めておくと，将来意外に面白い展開が可能であるかもしれない。

第6章
ε-δ論法と位相空間

大学の解析学の $\varepsilon\text{-}\delta$ 論法というのは，恐らくこれに接する大半の人にとって宇宙人の言語学のごときものであるに違いない．まず $\forall$ とか $\exists$ とかいう奇妙な記号に拒絶反応を示す人が最低半分以上，生き残った少数も，不等式ばかりで構成されたこの迷宮の中を2ページか3ページ引き回されるうちにほとんどダウンしてしまう．

　しかし実際のところ，こういったことについては，知らなくても後で困ることはそれほどないのであって，もっと具体的で実際的な計算練習をやっておいた方が，実戦にははるかに役に立つ．それゆえこれを大学初年で多くの学生にやらせることはどう考えても疑問なのであるが，実のところこれには，第一版序文で述べたような数学者の内部事情が多分に影響している．しかし数学者の側としては，そんなことを認めるつもりは毛頭ない．そして，こんなことをやらせるのは無意味ではないのかという問いに対して用意されている解答というのは，大学の数学は高校の数学とは異なることを知るべきである，そして大学初年でこれをやらせる理由については，鉄は熱いうちに打てと言うではないか，というのであるが，なるほど粉々に打ち砕かれてしまっている．

　しかしここでいくら文句を言ったところで，こういったことが改まる見込みは当分ない．そこでこの章では，大体のところどういう理由でどんなことをやっているかについて，可能な限り簡単に説明を試みようと思う．

　まず数学がなぜこういう形になってきたかについての理由である．数学の体系は，17〜18世紀にニュートンとライプニッツが登場して微積分学が確立され，その後オイラー，ベルヌーイらの巨人たちに引き継がれ，数学はその歴史の中で

第❻章　ε-δ論法と位相空間

最も輝かしい黄金時代を迎えることになる。その破竹の進撃は19世紀に入ってもなお続いたが，19世紀も後半になると，さしもの快進撃も衰えを見せ始めた。どうも解けない微分方程式が多いのである。

しかし数学者たちとしても，解けないからといって，そのまま手をこまねいているわけにはいかない。そこで方程式を解くこと自体はひとまずあきらめ，その方程式に解があるかどうかを調べる，あるいは，もし方程式に解があるならその解がどういう性質をもっているべきかを調べるといった具合に，目的の変更を行ったのである。

この時点で，数学はその最前線では応用ということを第一義には置かなくなった。言ってみれば，ガリレイがヴェネツィアの造船所で数学が実際に使われていることに感銘を受けることから始まった応用への道が行き止まりになり，中世スコラ哲学者の態度への回帰を余儀なくされたわけで，これと同時に論証絶対主義が絶対的に復活したのである。

目的が変わってしまった以上，道具立てもまた変わってこざるを得ない。解を求めることをあきらめてしまったのだから，今までの数学のように $\sin x$ とかいった具体的な関数が大きな役割を果たすことは，あまり期待できないことになる。新しい数学においては，そういった解の具体的な形を経由することなく，直接その性質を知る方法をあみ出さなければならない。解がわかっていない方程式についてこれを行う以上，そうするよりほかないのである。

しかし今までの道具立てでは，そんなことはちょっとできそうにない。現代の解析学にやたらに不等式が登場するのは実はこのためで，不等式こそ数学者が見出した新しい道具な

のである。

不等式の重要性と点列

ではなぜ不等式がそんなに重要なのだろうか。等式に比べてどんなメリットがあるというのか，まずその根本を調べてみよう。

普通の等式で $a=b$ を言いたいが直接は言えない場合，たいてい次のような間接的なアプローチがとられている。すなわち c という量を別に考え，これについて $a=c$ ということと $b=c$ ということの二つが証明されたとしたなら $a=b$ が言える。この場合 c を経由することで間接的に $a=b$ が証明されているのである。

これに対して不等式で $a=b$ を言う場合，$a\leq b$ かつ $a\geq b$ を示すことで $a=b$ を証明するという場合もあるが，もっと広く用いられるのは次の方法である。c として $|a-b|<c$ というものを考え，そのうえで c が結局 $c\to 0$ であるとすれば，$|a-b|=0$ より $a=b$ が言えるというもので，このときいっしょに点列，数列の概念が必要とされるようになってくる。

点列，数列とは何か，それは点や数を順に並べたものである，と言えばそれはその通りなのであるが，これでは何のことだかわからない。今はむしろ，なぜそういったものを考えるかということの方が重要だろう。

点列というものが導入された目的は次のようなものである。例えば a というものが，大きさ無限小だがゼロではないものだったとして，その性質を調べたいとする。しかしこのままでは小さすぎて全然その性質を調べることができない

第 6 章　ε-δ 論法と位相空間

というとき，その拡大模型を作ってみるのである。といっても，いきなり何万倍にも拡大してしまうのではなく，小きざみに規則的に，例えば2倍，4倍，8倍といった具合に倍々していった模型を並べて行くわけである。そうやって模型を無数に並べていけば，たとえ最初の a が顕微鏡的に小さかったとしても，いつかは肉眼でも見えるほどに大きな模型になるだろう。

それだけ大きな模型であれば，性質を調べることは容易であり，大きな模型がもっていた性質を，小さな模型にさかのぼって調べていってもずっと満たし続けているとなれば，行きつく先の a もやはりそれと同じ性質をもっていると考えてもさしつかえないはずである。a の性質は，小さすぎて直接調べられなかったが，こうして模型からの推測でそれを知ることができるというのが点列の基本的な発想である。ただし通常用いられる点列では，今述べたのとは逆に，肉眼で見える程度のものを何か適当に選んで第1項 a_1 とし，それより小さくしていったものに $a_2, a_3, \ldots$ という番号をふって点列 $\{a_n\}$ とするのが普通である。

さて例えば $|a-b| < c$ によって $a = b$ を言いたい場合，まず a に点列の考えを使う，つまり $a_n \to a$ となるような点列 $\{a_n\}$ を用意する。このとき b は固定しても良い。a_n との差 $|a_n - b|$ について考えれば十分だからである。次に点列 $\{c_n\}$ を用意するが，これは $\{a_n\}$ を考えたときほど自由にはとれず，おのおのの n について $|a_n - b| < c_n$ を必ず満たしていなければならない。そのうえで n の番号を大きくしたとき c_n がどんどん小さくなることが必要である。これらの条件をパスした c_n が $c_n \to 0$ であったなら，$|a_n - b| \to 0$

で $a=b$ が言えるというわけである。

ここで先程の問いについて答えることにしよう。つまりなぜ不等式が等式より多用されるのかということである。その理由は，一言で言えば c を用いた間接的なアプローチを用いるさいの迂回路の広さということである。等式の場合，$a=c$ かつ $b=c$ となる c を見つけてこようとしても，c の選択の範囲は最初からひどく限られたものでしかない。これに対して不等式の場合，$|a-b|<c$ となるような c は，とにかくある値より大きいものでありさえすれば一応合格なのだから，選択の範囲は極めて広い。要するにある迂回路がだめであっても，別の迂回路を見つけることが容易なのである。

「連続」の表現方法

以上が，現代数学で不等式がやたらに登場する理由のうちの半分である。では残りの半分は何なのかと言えば，これもやはり現代数学が追っている目的に起因する。先程数学が関心をもっていることの一つは，方程式の解がもっているであろう性質を方程式から直接割り出すことであると述べた。そしてその性質として主として関心が寄せられていることは，解となる関数あるいはその導関数が連続かどうかということである。

どうも思うのだが，現代数学の勉強というのは，法律の勉強にかなり近いところがあるらしい。よく誤解されていることに，数学というのは論理を扱う学問だから論理的思考能力だけが必要とされ，一方法律というのは暗記ものだから記憶力ばかりが要求されるという通念があるが，いろいろな学問に接してみて思うのは，およそ現代数学以上に記憶力が要求

第6章 ε-δ論法と位相空間

される分野はないと言っていいのではないかということであり，実際，歴史学でもこんなに記憶力は要求されないのではないかとすら思える。これに対して，法律というのは必ずしも暗記一辺倒のものとも言えないもののようである。

そしてこの両者に共通する特徴が一つあり，それはその内容が極度にわかりづらい，頭の痛くなるような言葉で記述されているという点である。法律の言葉というのは，ほんの簡単なことを言うのにも，難解この上ない表現を用いる。しかしこれは別に法律家の権威主義のためではない。法律というのは，あいまいな言葉で書いておくと，そのすきを狙った「合法的犯罪」が跋扈することになってしまう。そのためわかり易さは二の次にしても，そういうすきを見せないよう極度に厳密な表現をとらざるを得ないのである。

数学の場合も似たようなもので，連続ということ一つを言うにしてもそうであり，日常的な言葉で言えば，連続とは要するに関数が各点でちゃんとつながっていて，階段関数のようにいきなり値が不連続にとんでしまうことがないということである。しかし数学では一般にこういう表現はとらない。関数 $f(x)$ が点 x_0 で連続であるということを言うには，「$\forall \varepsilon$ に対して $\exists \delta > |x-x_0|$ で $|f(x)-f(x_0)| < \varepsilon$ とできる」という言い方をしなければならない。

一見何が何やらわからないが，落ち着いて考えればそれほどのこともない。例えば次のページの図6.1のような二つの関数を考える。関数Aは点 x_0 で $f(x_0)=0$ だが，この点で0から1に値がとぶ不連続関数，関数Bは，それに似ているが一応連続な関数であるとする。この関数に今の表現を適用し

てみよう。もし「$\forall$（任意の）ε」の一つとして$\frac{1}{2}$という値を選んだとしたならば，関数Bの場合図のようなδを選べば，この中にあるxならばどのxに対しても $|f(x)-f(x_0)|<\frac{1}{2}$とできる，つまりそういった$^\exists\delta$（$\delta$が存在する）。

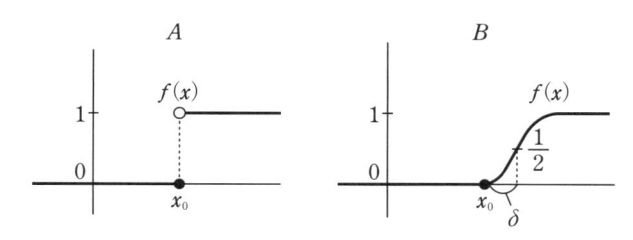

図 6.1

しかし関数Aの場合，左側から行くならともかく，x_0より右側にあるxでこれをやろうとしても，$|f(x)-f(x_0)|$はいくらxをx_0に近づけても（つまりδを小さくしても）1より小さくなってはくれない。つまりそういうふうにできるδは存在しないのである。このためAの場合「$^\forall\varepsilon>0$に対して $^\exists\delta>|x-x_0|$ で $|f(x)-f(x_0)|<\varepsilon$」が成り立たない，すなわち$A$は連続でない。

まあ何と回りくどい表現か，と言いたくなる気持ちも分からないではないが，この表現法も意外と捨てたものではないのである。なぜならば，ある関数が連続であるかどうかを調べよと言われた時に，ややこしいことは考えずにただそういうεとδを見つけ出す作業に専念すれば良い。また，ある関数$g(x)$が別の関数$f(x)$を使って表現でき，$f(x)$が連続だということがすでにわかっているとき，$g(x)$も連続であ

ることを示すには，$f(x)$ の場合の ε と δ をもとにいろいろいじって $g(x)$ 用の ε と δ を合成し，それによって $g(x)$ の連続を示すという手が使える。そういうわけで，連続ということに関心をもつ限り，このややこしい表現法も意外と使い出があるのである。

今まで，現代数学をまるで応用価値のないもののように言ってきたが，これは少々言いすぎで，ちゃんとそれなりに応用の用途はある。例えばこの連続ということを知るとどういう良いことがあるのかということであるが，制御理論などにおいて，安定性ということが重要になることがある。最もわかりやすい例で言えば，球を平坦な平面の上に置いておけば，球をちょっと動かしても大した変化は生じないが，もし球が山折りの折り目の真上に乗っていたなら，ちょっと動かしただけで球には大きな変化が生じ，不安定である。そしてこれが平面のなめらかさに依存する以上，連続性ということとかかわりをもってくることは間違いない（この安定性という問題はICBMの制御などとも深くかかわっているために，旧ソ連では関数解析の理論が発達したのだとも言われる）。

ともかくそういったわけで，解の連続性ということに関心がもたれ，それを示すために ε と δ を用いた連続性の表現が重宝され，そのために現代数学の本は不等式でうずまってしまうのである。

なぜ＞と≧があいまいになるか

ところがこういった不等式と点列のコンビネーションを導入すると，一つやっかいな点が生じる。古代ギリシャのソフィストたちが論じた，アキレスと亀のパラドックスをご存じ

だろうか。知らない読者がいると困るので，一応書いておこう。いま，アキレスの前方を亀が歩いており，アキレスはのこのこ歩いている亀を追い越そうとしている。ところが，今亀がいる場所にアキレスが走っていこうとすると，いくらアキレスが駿足であっても，いくばくかの時間は絶対に要する。そしていくら亀がのろまでも，その時間内にいくらかは移動する。結局アキレスがそこにたどり着いた時には，すでに亀はわずかに前方に出ている。そしてその亀の新しい位置にアキレスがたどり着こうとすれば，また今と同じことが起こり，これがいつまでたっても繰り返される以上，アキレスは永久に亀を追い越すことができないというのである。

　もちろんわれわれは，常識からアキレスが有限時間内に亀を追い越せることは知っている。今の場合，その有限の時間を無限小に分割してしまったから，こういうパラドックスが生じたのである。

　しかし，この話は，今のわれわれにとって得るところが非常に大きい。今の話を点列にして考えてみよう。アキレスの位置をプロットしたものをアキレス点列と呼んで $\{A_n\}$ で表し，また亀の位置を亀点列として $\{T_n\}$ で表す。A_1，T_1 はそれぞれ最初のアキレスと亀の位置を示し，同じ n での差 $|T_n - A_n|$ はその時点での両者の距離である。

　今の論理では，アキレスと亀の間の距離はいつまでたってもゼロにならないのだから，$|T_n - A_n| > 0$ であり，不等号にイコールはつかない。しかし常識からの結論によれば，n が無限大のところでは亀とアキレスは並んでいるはずだから，$n \to \infty$ では $|T_n - A_n| = 0$ であるべきで，そしてここで等号が許された以上，この不等式は一般に $|T_n - A_n| \geq$

第6章 ε-δ論法と位相空間

0 と書かれなければならない。n に無限大を認めれば，不等号が $>$ から $\geq$ に変わってきてしまうのである。

そのために生じる結末

未満と以下があいまいになってしまうといっても，ちょっと考えると，せいぜい答案を書くときに不等号を注意して書かねばならない，といった程度の重要性しかなさそうに思える。しかしことははるかに重大なのであって，もしこういうことが起こらなかったならば，現代数学の本はずいぶんと薄いものですんでいたに違いない。

実際，このために次のようなややこしいことが生じてしまうのである。すなわち，もし $\{x_n\}$ に関して $\lim_{n\to\infty} x_n = a$ が成立していたとしても，それぞれの x_n を f に代入した $f(x_n)$ を考えるとき，$\lim_{n\to\infty} f(x_n) = f(a)$ が成立するとは限らない。x_n の極限値をとってから関数に代入した場合と，関数に x_n を代入してから極限値をとった場合とで値が異なることがあるのである。次のような例を考えてみよう。

関数 $f(x)$ が $x=0$ でゼロ，それ以外では1だとする。つまり

$$f(x) = \begin{cases} 1 & x \neq 0 \\ 0 & x = 0 \end{cases}$$

ここで数列 $\{x_n\}$ を考え，

$$x_n = \left(\frac{1}{2}\right)^n$$

とする。つまりこの数列は，$\frac{1}{2}$, $\frac{1}{4}$, $\frac{1}{8}$, … という具合に半分，半分にしていった数が並ぶわけである。言うまでもな

く，これら x_n は全て $x_n>0$ であり，ゼロではない。それゆえこれらを $f(x)$ に代入した $f(x_n)$ は，ずっと1の値をとり続ける。

さてここで $\lim_{n\to\infty} f(x_n)$ というものを考えるとどうなるだろう。$f(x_n)$ を $n=1$ から並べていった $f(x_1)$, $f(x_2)$, $f(x_3)$, … というものの内容は，1，1，1，…という具合に，どこまで行っても1が並んでいる。それゆえこれを極限まで続けていって行きつく先も，やはり1であろうと考えられる。つまり $\lim_{n\to\infty} f(x_n)=1$ であると考えるべきだろう。

それでは x_n の方はどうだろうか。これはどんどん無限に小さくなっていく数列であるが，問題は極限まで続いていった先の $\lim_{n\to\infty} x_n$ が，0と等号，不等号のどちらで結ばれるかである。これが先程のアキレスと亀の話のように等号になる，つまり $\lim_{n\to\infty} x_n=0$ になってしまうから困る。この極限値0を f に代入すると $f(0)=0$ だから，先程の $\lim_{n\to\infty} f(x_n)$ と比べると一方が1，もう一方が0というふうに食い違いを生じてしまっている。これは，たとえ $\lim_{n\to\infty} x_n=a$ でも $\lim_{n\to\infty} f(x_n)=f(a)$ とならない例の一つである。

数学の良い点の一つは，とにかく正確に数式を書いておりさえすれば間違いはないという点にあったわけだが，それがこれほど基本的な場所で不備をかかえこんでいる以上，とにかくどんな手間をはらってもそれを埋めなければならない。いってみればソフィストたちのパラドックスがいまだに数学者たちを悩ませているのである。

もっとも，逆の見方をすれば，これが数学者たちに格好の漁場を提供していると言えないこともない。例えばルベーグ積分という分野があるが，これは今の話を積分記号について

行ったもの，すなわち $\{f_n(x)\}$ を，関数を並べた関数列とするとき

$$\lim_{n\to\infty}\int f_n(x)\,dx = \int \lim_{n\to\infty} f_n(x)\,dx$$

がどういう条件のもとであれば成立するか，という問題から生まれたものである．

とにかく現代数学は，この有限と無限の間で生じるギャップを埋めるためにほとんどの手間をついやしていると言っても過言ではないほどで，そのため大学の解析学において，教科書がどういうつもりで何を言っているのかさっぱりわからないという時は，たいていこの問題が一枚かんでいるものと見てよい．

supの概念

この理由のために生まれたものの一つにsup（上限）という概念があるが，これはしばしば多くの人が中途半端な理解でうやむやにしてしまう．max（最大）とどう違うのか，ていねいに説明していない本が多いからである．

例えば開区間 (0,1) の中に含まれる数の集合をAとする．この集合Aの中で一番大きな数は何かというのが問題である．

図 6.2

これがもし閉区間 〔0,1〕 であれば話は簡単で，Aの中で一番大きな数は1だし，一番小さな数は0である．ところが開区間 (0,1) というのは，その間の数は全部含んでいるのに，たった二つ，0と1だけは含んでいない．

それゆえ，A の中で一番大きい数は 0.999… ということになるのだが，仮に，これが一番大きい数ですといって 0.999… という数を提出しても，その末尾にさらに 9 を書き加えれば，もっと大きい数を作ることができ，かつそれは A の中に含まれている。つまり 9 が無限に並んでいるために，一番大きな数というのは書くことができないのである。アキレスと亀の話から類推すれば，9 が無限に続く 0.999… は，事実上 1 と等しいであろう。しかし A には 1 そのものは含まれてはならないのだから，結局 A の中で一番大きい数をどう書くかという問題は，毛一筋のところで行き詰まってしまったことになる。

そこで導入されたのが sup の概念であり，極限値である 1 を A の上限と呼んで，sup $A = 1$ と書こうというのである。要するに sup A 自体は必ずしも A の元ではないわけで，この点が max の概念と異なる。max の場合，必ず max $A \in A$ でなければならないから，開区間では max の概念は不適切だったのである。これが閉区間ならば，あっさり max $A = 1$ と言えるから，本来閉区間ではわざわざ sup などというものを考える必要はないのだが，一応この場合も sup $A = 1$ ということにしておく，つまり閉区間では sup と max は一致する。

コンパクトと一様連続

有限と無限の間のギャップを埋めるために作られた概念は他にもいろいろあり，めぼしいものをひろっていくと，例えばコンパクトという概念がある。定義は例によって法律の言葉のようでわかりづらいが，この概念の言わんとするところ

第6章 ε-δ論法と位相空間

(と言うか，その目的) はおおよそ次のようなものである。ある区間なり集合なりがあったとき，別のもっと小さい開区間なり集合なりを何個か集めて，それらで区間，集合をおおうことを考える。この場合，小区間の個数が無限個であれば，まず確実におおいつくすことができるが，もしこの中から有限個だけをピックアップしてもなお，それらで区間，集合全体をおおうことができたなら，それ (大きい方の区間，集合) はコンパクトであると言われる。

例えば $[\alpha, \beta]$ という区間があったとき，この区間は長さが1の小区間をいくつか用意すればカバーできる。

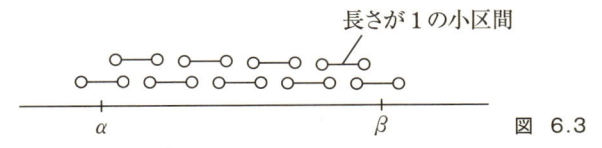

図 6.3

ではこうすると，どういう利点があるのだろうか。それは次のような理由による。例えばここにある定理があるのだが，それは長さが1の開区間上でしか成立しないものとする。そうだとすれば，区間 $[\alpha, \beta]$ 上ではこの定理は使えないが，それをカバーしている小区間一個一個では各個に成立している。

これだけでは，その成果を $[\alpha, \beta]$ に拡張していいものなのかどうかはっきりしないが，定理の内容の性格いかんによっては，このコンパクトというものを足がかりにして拡張できる。もしその定理の内容が，例えばある量 A が小区間内のどの点においても δ より小さいといったものだった場合，たとえそれぞれの小区間で δ の値が違っていたところで，その δ の個数もしょせん小区間の個数どまりである。

そのため，その中から一番大きいものを選んで δ_{max} とすれば，〔α, β〕上全域で A が δ_{max} よりも小さいと言うことができる。

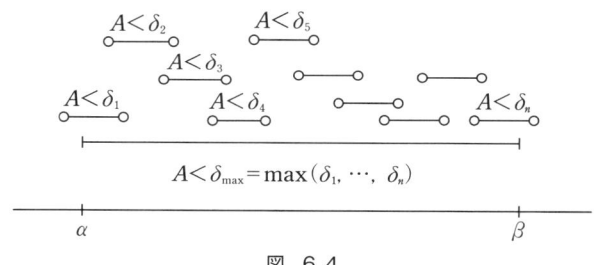

$$A < \delta_{max} = \max(\delta_1, \cdots, \delta_n)$$

図 6.4

これがもし小区間の個数が無限個になると，δ_{max} を選び出す作業ができない。このためコンパクトの概念では「有限個でおおう」ということにこだわるのである。「ピックアップ云々」についての説明を切り捨ててしまったので，重箱のすみをつっつく癖のある人はこういった説明では不満かもしれないが，まともにやるには枚数が足りない。とにかくこの概念の用途はこうしたものである。

ついでだから，「一様連続」の概念についてもコメントしておこう。この概念が導入された理由ないし目的も，今のコンパクトの場合と良く似たものである。

この「一様連続」は普通の連続とどこが違うのかといえば，それはただの連続の場合，$f(x)$ が点 x_0 で連続であることを示す表現，すなわち「$\delta > |x - x_0|$ があって $|f(x) - f(x_0)| < \varepsilon$ とできる」と言ったとき，その δ は x_0 が数直線上のどの位置にあるかによって違っていても良い。つまりたとえ ε を固定しても，x_0 が1のときと100のときとでは，

δ の値は一般に同じではない。

これは異なる方が当然なのだが、このため x_0 一個一個に対して異なる δ が定まり、結局 δ の種類は無限個ある。このためコンパクトの場合と同様の問題が生じる。つまり無限個あるというのは、やはり何かと不便なのである。

そこで一様連続の場合、関数の側の条件をきびしくして、δ の種類を有限個といわず、たった1個にしてしまおうというのである。要するに一様連続な関数の場合、「$|f(x) - f(x_0)| < \varepsilon$ とできる $\delta > |x - x_0|$」といったとき、この δ はすべての x_0 に対して共通なのである。こうして、コンパクトの場合の $\delta_{\max}$ の役目を、この共通の δ がつとめることができる。

コーシー列について

用語の解説を続けよう。次はコーシー列についてである。この概念が必要となるのは、次のような経緯によっている。点列（あるいは数列）を考えるに際しては、どこにも収束しないような数列を考えても、通常あまり実際的な意味はない。それゆえ「数列 $\{a_n\}$ を考える」と言ったとき、言う側としては当然、何かある値に収束するような数列を頭に描いているのだが、問題はそのことをどう数学的に記述するかである。

どういう値に収束するかが前もってわかっていれば話は早い。収束した値を α とすれば、「数列 $\{a_n\}$ は $a_n \to \alpha$」もしくは「$\lim_{n \to \infty} |a_n - \alpha| = 0$」と書けば、これで $\{a_n\}$ が収束する数列であることを示すに十分である。しかしもし値がわかっていなかったとするならこの表現法は使えず、話は少々や

っかいである。できないことはないにせよ，いずれもうるさ方を満足させられるほど十分なものではない。

そこで，$\lim |\cdot| = 0$ という形の表現法は残したいが α などという未定のものは使いたくない，という要求から生まれたのが，コーシー列の考えである。すなわち同じ $\{a_n\}$ について番号の系列を n, m 二種類にして，$\lim_{n,m\to\infty} |a_n - a_m| = 0$ を $\{a_n\}$ が満たしていたとき，数列（点列）$\{a_n\}$ をコーシー数列（点列）と呼ぶ。こうすれば，別に α を考える必要はない。この $\lim_{n,m\to\infty} |a_n - a_m|$ というのは，ひとまず n を止めたまま a_m を一足先に $m \to \infty$ として α の代用をさせると思えば良いのである。そうすれば，その時点でこれは $\lim_{n\to\infty} |a_n - \alpha|$ と事実上同じものになる。いずれにせよ，もし $\{a_n\}$ がちゃんとある値に収束してくれないようなら，この式は成り立たない。ともかくこれでほぼ代用がきくわけである。特に $\{a_n\}$ が実数からなる数列の場合，$\{a_n\}$ がコーシー数列であるということと，$\{a_n\}$ がある実数に収束することは同等である。

完備について

コーシー列について話したとなると，どうしても「完備」の概念について話をしなければならない。

コーシー列の利点とは，収束先の α がわかっていなくても別にかまわないという点にあった。しかしその点が，逆に一つの問題を引き起こすことになる。それは，コーシー列 $\{a_n\}$ を構成する一個一個の a_n がそれぞれ全部集合 A の元であったとしても，$\{a_n\}$ の収束先 α が A の元でないことがあるのである。

典型的な例が有理数の場合である。一般に有理数というものは、二つの整数 p, q を用いて $\frac{p}{q}$ という分数の形で表される。そして p, q をともにけた数の多い、面倒な数にしていけば、$\frac{p}{q}$ はだんだん小数点以下に複雑な数が並ぶようになる。p, q のけた数が有限である限り、$\frac{p}{q}$ はあくまでも有理数であるが、もしけた数を無限に多くしていけば、$\frac{p}{q}$ は無理数に近づいていくだろう。要するに $\{a_n\}$ がこういった、次第に複雑さを増す有理数の数列だとしたなら、収束先の α は無理数になる。つまり数列 $\{a_n\}$ は、$n \to \infty$ で無理数という、自分とは異なる種族を作り出してしまうのである。

いってみれば有理数の集合というのは鉄橋の上の枕木のようなもので、それを足がかりに跳躍して進む場合、最初16本おき、次に8本おき、そして4本おきといった具合に、跳躍の幅を半分、半分にしていったなら、2本、1本までは跳んだ先にちゃんと枕木があるが、その次は枕木のすき間からすとんと落ちてしまう。

こういうことがないよう、枕木のすき間にもきっちり木材をつめて完全にすき間がない場合を「完備」と呼んでいる。もう少しきちんと言えば、集合 A の元からなるコーシー列 $\{a_n\}$ があったとき、その収束先 α がやはり A の元になっており、そしてこれがあらゆる $\{a_n\}$ および α について例外なく成立していたならば、このとき集合 A は完備であるという。

つまり有理数は完備ではないわけである。これに対して実数は（理由はここでは省くが）完備である。とにかくこういう概念を導入しておかないと，せっかくコーシー列を考えても，その収束先がコーシー列を構成する元と同じ集合に入っているかどうか，いちいち確かめねばならず，面倒でしょうがないのである。

用語の解説を始めると本当にきりがない。しかし解析学を構成している，例えばボルツァノ＝ワイエルストラスの定理とかいったたぐいのものは，言ってみれば常識とか視覚的イメージを全くもたない人同士であっても，記号と抽象論理だけで話が通じるようにまとめ上げられた体系ないしその部品である。そのため，深遠な真理が述べられているのだろうと思って身構えてしまうと，かえって思考を自縛してしまうことが多い。いずれにせよ，物理学をやる際にこういった知識が不可欠のものになることは，まずないと言って良い。それゆえ数学科以外の人は，これがわからないと言って悩む必要は全然ないのである。

距離の概念

現代数学で不等式が多用されることは何度も述べた通りだが，考えてみると，不等式などというものを考えるためには，大小関係や距離というものが前もって与えられていなければならない。実際，それなしでは不等式というものは考えることすらできない。今までは主として実数の数列を考えており，数直線上では二点間の距離は明確に定まっているため，別に改めてそんなことに注意を払う必要はなかったのである。

第6章 ε-δ論法と位相空間

しかし不等式というものは役に立つ。そのため、数 a と b が等しいことを示すだけではもったいないというわけで、数学者たちはもっと広い範囲に応用することを考えた。関数解析と呼ばれるものがそれで、関数 $f(x)$ と $g(x)$ が等しいことを言いたいとき、この関数の「近さ、あるいは距離」を定めてそれを $\|\cdot\|$ で表し、$\|f-g\|=0$ によって等しいことを言うのである。当然、前に述べた手法というのは、ほぼ全部適用できることになる。しかしもちろんこの場合の「近さ、距離」というものは、ユークリッド空間のそれとは異なる。そのためしばしば問題が生じ、例えば図6.5の g_1, g_2 は、どちらが関数 f に「近い」かと言われると、ちょっと困ってしまう。

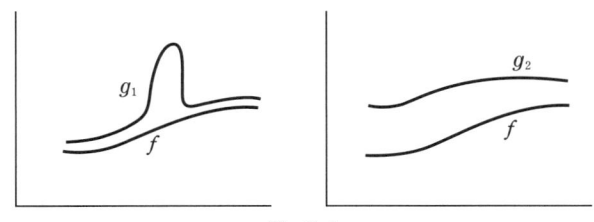

図 6.5

だいたいにおいて、抽象的な意味での「距離」の決め方というのは一通りに限らない。例えば、地下にいくつか埋めたシェルターを考えて、それぞれのシェルター間の距離は何かと問われたとき、最も普通に考えれば、埋めた位置を示す地図によって測ったものがシェルター間の距離であるが、これとは別の基準も考えられないことはない。

仮にシェルター同士の間に電話線がつながっており、さらにその電話線のつなげ方が不合理で、ほんの近くにあるシェ

ルターへの線がひどくまわり道をしているため，遠くにあるシェルターよりかえって電話線が長くなってしまっているとする。

そうなると，中にいる人間にしてみれば，どうせ他のシェルターを歩いて訪問することはできず，電話によってしか連絡できないのだから，電話料金の安いシェルターの方が，より近いお隣りさんであると言える。つまり中の人間にとっては，電話線の長さがシェルター間の距離をはかる目安であるということになる。このように，同じものに対して二通りの異なる距離の概念が存在しうるのである。前に述べた，関数 g_1 と g_2 のどちらが f に近いかという問題も，その答えはものさしの決め方によって変わってきてしまう。

位相空間

ユークリッド空間というのは，距離がちょうど方眼紙のように定められている空間である。ここから出発してさまざまな空間を考えていくわけだが，数学的な空間などという言い方をすると，言葉の響きのものものしさからひどく身構えてしまう人がいる。しかしそんなに難しく考える必要はないのであって，二つの点なり元なりに注目したとき，それらの間の距離というものがきちんと定まっているなら，それは立派な「空間」であると言える。つまり距離の概念を定義すれば，それは空間を一つ定めたことになるわけである。

さて，ユークリッド空間よりもう少し制約のゆるい，一般的な空間に距離空間がある。これは，距離関数 d というもので距離を定義してやったもので，距離関数 d は，空間内の二点を変数とする関数である。d は，いってみれば電子式

第 6 章　ε-δ 論法と位相空間

のものさしのようなものであって，任意に選んだ二点の上に置いてやると，その二点間の距離を表示してくれるものである。とにかくこういったものさしが一本あれば，それで距離を定めるには十分である。

　そして距離空間をもう一段階一般化してやったのが位相空間である。位相空間の場合，距離空間におけるものさしを輪投げの輪で代用したようなものだとでも考えれば良いだろうか。つまり輪を小さなものから大きなものまで一そろい用意して，任意に選んだ二点の上にこの輪を置き，二つの点が両方とも輪の中に入るかどうかを見ていくわけである。大きな輪で試してみれば，たいてい両方とも輪の内側に入っているだろう。しかしだんだん小さな輪で試していくにつれ，ぎりぎりで入るか入らないかという状態になり，輪の直径が二点間の距離より小さくなった時点で，ついに両方の点を輪の中に入れることは不可能になってしまう。要するにこの場合，何番目の輪でそうなったかということをもって，二点間の距離を示す指標とすることができるのである。

　この話は，集合とその記号を用いて書くこともできる。i 番目の輪の内側の領域を集合 σ_i と書けば，大きな輪のとき 2 点 a, b は $a \in \sigma_i$ かつ $b \in \sigma_i$ となるが，小さな輪のときは一方が成立しない。

　このようにして，集合の包含関係というところに話をもっていけば，この概念はさらに拡張できる。例えば赤，青，黄の 3 種類のあめ玉があったとして，この 3 個の間に「距離」を考えたい。要するに相互にどれだけ性質が近いかということである。ものさしとしてどのようなものを考えるかであるが，ここで 3 匹のカエルを考えよう。

このカエルにあめ玉を食べさせるのだが，カエルの側に多少の好き嫌いがあって，嫌いなあめ玉は吐き出してしまうのである．3匹のうち，一番好き嫌いのないカエルは赤，青，黄のどれでも食べるが，一番神経質なものは赤以外は吐き出してしまう．そしてもう一匹は，赤と青は食べるが黄は吐き出してしまうとすれば，このカエルによって，赤を基準とした距離づけができたことになる．つまり赤と青の距離の方が赤と黄の距離より短いのである．

　同様にして，青，黄を基準とした場合についても考えて，それに対応するカエルを用意すれば，このあめ玉の集合には立派に距離の指標が導入されたわけで，これは一つの位相空間である．前の場合だと輪の一そろいを，今の場合ならバケツに入ったカエルの一そろいを位相と呼び，あめ玉の集合とカエルを一まとめにしたものを位相空間と呼んでいる．

　位相空間というと，とかく位相幾何学のことだと早合点しやすいのだが，このようにして，位相の概念を用いることによって二つの関数の間に距離を導入し，不等式による間接的アプローチへの道を開くことで解析学に応用しようというのが，関数解析の基本的な姿勢である．

　関数解析において最も一般的に用いられる空間はバナッハ空間であるが，この場合，距離が導入される前の集合は，ただの集合ではだめで，もともと線形空間の性質を満たしていなければならない．そこに距離関数の一変形であるノルム $\|\cdot\|$ というものを導入し，これに関して前述の完備という性質を満たしていたとき，これはバナッハ空間と呼ばれている．

第❻章　ε-δ論法と位相空間

位相幾何学について

　ついでだから，位相幾何学についても一言述べておくことにしよう。一般向けのトポロジーの本を開くと，クラインの壺とかいったアブストラクト彫刻がたくさん並んでおり，そして解説によると，位相幾何学の特徴とは，取っ手のついたコーヒーカップとドーナツが，基本的に同じものと考える点にあるという。そしてなぜそうなるかといえば，それぞれの材質がゴムのような完全に伸縮自在なものと考えれば，コーヒーカップの取っ手の部分を太くふくらませ，一方，カップの部分は一旦お皿のように広げてしまってから縮めて取っ手の部分におさめてしまえば，ドーナツと同じ形にできる，というのが標準的な説明である。

　そしてその，ゴムのように伸縮するという部分のための道具立てが，ここに述べた位相の概念である。例えばある立体，別に形はどんなものでも良いが，その立体の表面に無数のピンを立てて，ピン同士の間の距離を測ることにする。全部のピンについてそれを正確に行い，データを残らずコンピューターにインプットすれば，コンピューターは立体の形を正確に描き出してくれるはずである。

　ところがピンの距離を測るとき，正確なものさしを用いるのではなく，前のように輪投げの輪を使い，しかも単に二本のピンが輪の中に入るか否かだけを調べるだけだとしたらどうなるだろう。この場合は，ピンの距離には二倍程度の誤差は簡単に生じてしまう。そしてそれだけの誤差があったのでは，コンピューターにはコーヒーカップだかドーナツだかわからないだろう。つまりその誤差を，材質がゴムのように伸縮すると解釈するのである。以上が，極めて大ざっぱでは

あるが,なぜ「位相」幾何学であるかの説明である.
　こうして,モダンな解析学の道具立てについて述べてきたが,純粋数学としての興味はともかく,実用面ではものものしい割にそれほど使い出はない.アメリカの学者などで,経済学に位相空間論を適用して喜んでいる人がいるが,あれはどう見ても学者の間の競争に勝つための衒学的なめっき以外の何物でもない.読者には,そういうめっきを見破れる眼力を養うことを期待したい.

第 7 章
フーリエ級数・フーリエ変換

フーリエ級数というものを最初に考えたフーリエという人について語る時，たいてい言われるのが，その証明の厳密さというものに対する無関心である。私は（こんな本を書くにしては怠慢にも）彼の原論文を読んだことはないが，数学者のほとんどが頭をかかえてしまうようないい加減な証明しかなされていないという。それゆえ彼らは大抵，こんな粗大な頭脳からあれほどの概念が生まれたことを疑問に思うようなのだが，考えてみればむしろこの方が当然なのかもしれない。本当に有用な概念というのは，多くの場合極めて単純であればこそ，広範囲にわたる応用が可能なのである。重箱のすみをつつくことを得意とする「緻密」な頭脳では，こういったことを見出すのはかえって不得手であることの方が多いだろう。

　とにかくそういったわけで，フーリエ級数の応用範囲というのは極めて広い。しかしそういったことを抜きにしても，フーリエ級数というのはかなり驚異的な概念ではないだろうか。われわれが普通使うような関数の範囲内であれば，任意の関数がある区間 $[a, b]$ で三角関数の足し合わせを用いて表現できるというのである。実は不思議なことであるにもかかわらず，例によって教科書にはそのからくりの種明かしがない。一体どうしてそんな不思議なことが可能なのだろうか。

基本となる発想
　それを説明するために，いったんフーリエ級数から離れよう。そのため話題は，連立一次方程式の話になる。
　次のように与えられた連立方程式

$$\begin{cases} a+b+c=7 \\ a-b+c=5 \\ a-b-c=1 \end{cases}$$

を解くことは、別に難しいことでも何でもない。この場合答えは $a=4$, $b=1$, $c=2$ である。方程式の右辺の数値は今の場合7, 5, 1だったが、これを他の、好みのものとどんなに入れ換えたとしても、それに対応する答えはちゃんと求めることができる。

この方程式の左辺の三つの式は、a, b, c につく符号がそれぞれで異なるだけである。そこで、この方程式そのものを次のように書き換えることができる。

$$a \times \begin{bmatrix} 1 \\ 1 \\ 1 \end{bmatrix} + b \times \begin{bmatrix} 1 \\ -1 \\ -1 \end{bmatrix} + c \times \begin{bmatrix} 1 \\ 1 \\ -1 \end{bmatrix} = \begin{bmatrix} 7 \\ 5 \\ 1 \end{bmatrix}$$

そして

$$f \equiv \begin{bmatrix} 1 \\ 1 \\ 1 \end{bmatrix} \quad g \equiv \begin{bmatrix} 1 \\ -1 \\ -1 \end{bmatrix} \quad h \equiv \begin{bmatrix} 1 \\ 1 \\ -1 \end{bmatrix} \quad F \equiv \begin{bmatrix} 7 \\ 5 \\ 1 \end{bmatrix}$$

と定義してやれば、この式はさらに

$$af + bg + ch = F$$

と書かれる。f, g, h, F をそれぞれ一種のデジタルな関数と考えてやれば、a, b, c という係数を用いることで、F という関数が f, g, h という三つの関数で展開されたと考えることができる。それぞれの関数をグラフで書くと、次のページの図7.1のようになる。

図 7.1

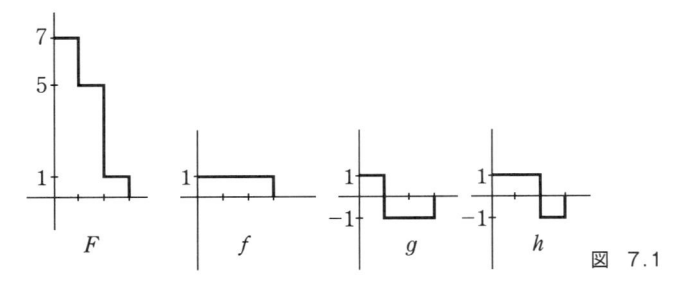

こういう形に書き直す前の連立方程式の右辺の数値（F のこと）をどんなに換えても，連立方程式の解（係数 a, b, c の値）は求まるはずなのだから，この場合任意の「関数」F は，それに対応する係数を用いて f, g, h によって展開できることになる。

それではもう一段フーリエ級数に近づけてみることにしよう。関数の個数を f_1, f_2, f_3, f_4 の4つとし，それぞれは下のようなものとする。

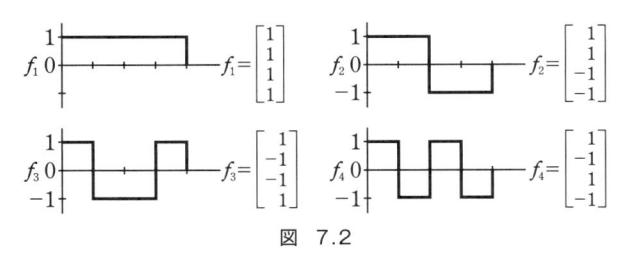

図 7.2

区間が4つになったことで，それぞれのグラフをシンメトリーな形にすることが可能となった。

これら4つの関数は，もはやれっきとした矩形関数と呼んで差しつかえないだろう。これらを先程のように連立方程式

第 **7** 章　フーリエ級数・フーリエ変換

に書き直してみれば，これもやはり右辺の四つの数値が何であっても解くことができる。つまり $F = a_1 f_1 + a_2 f_2 + a_3 f_3 + a_4 f_4$ という具合に，任意のデジタル関数 F（4個の数値を表現する）が矩形関数 $f_n (1 \leq n \leq 4)$ によって展開可能なのである。

今の場合，矩形関数の個数が4個であったから，デジタル関数1個で表現される数値も4個に制限されていた。しかし矩形関数というものは，どんどん細かいものを考えていけば（つまり振動数の大きい矩形関数を考えれば）個数はいくらでも増やすことができる。それにつれて，展開できるデジタル関数の方も，だんだん細かい表現が可能になって，次第にアナログ関数に近づいてくるはずである。

本題に入ってまだほんのわずかであるにもかかわらず，もうわれわれはフーリエ級数の概念にあと一歩というところまで達してしまった。つまり三角関数のかわりに矩形関数を用いても，似たような話が成り立つのである。

しかし別にこれは不思議とするには当たらない。今考えた矩形関数 $f_n (1 \leq n \leq 4)$ は，決定的なところで三角関数と同じ性質をもっている。それは $\int f_i(x) f_j(x) dx = 0$（$i \neq j$ の場合）という関係を満たしていることである。すなわち，$f_1 \sim f_4$ は，このうち2つを選んで互いにかけて区間全体で積分すると，＋と－のキャンセルでゼロになる（試しにどれか二つを選んでやってみると良い。ちゃんとキャンセルしてゼロになってくれる）。この関係式（ただし f_n を三角関数としたもの）こそフーリエ級数という概念の中枢部に位置するものであって，それが満たされている以上，矩形関数でも同じ話が成立したとしても，何ら不思議はないのである。

さて今の場合，任意のデジタル関数 F が矩形関数 f_n によって $F=\sum_{n=1}^{4} a_n f_n$ と展開でき，このときの係数 $a_1 \sim a_4$ は連立一次方程式を解いて求めることができた。しかし F がだんだん細かくなって，デジタル関数からアナログ関数に近づくにつれ，矩形関数 f_n の個数はたくさん必要になってくる。当然係数 a_n の個数もそれにつれて多くならざるを得ない。ところがそんなにたくさんであっては，連立方程式でこれらを求めようとすれば，ついには天文学的な手間を要するようになる。これではとうてい実用にならない。何とかして係数 a_n をもっと楽に求める方法はないものなのだろうか。

実は，先程述べた関係式 $\int f_i f_j dx = 0 \, (i \neq j)$ があるおかげで，便利な近道が存在するのである。その方法とは要するに，例えば a_2 を求めたい場合，もとの F に f_2 をかけて積分してしまうのである。F は $a_1 f_1 \sim a_4 f_4$ の足し合わせだから項別積分ができるが，このとき $\int a_2 f_2 f_2 dx$ 以外の項はゼロになってしまう。

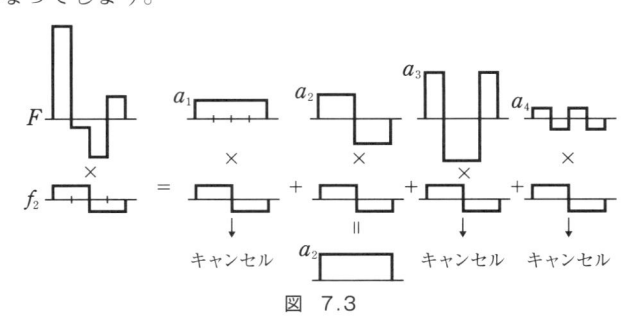

図 7.3

第 **7** 章　フーリエ級数・フーリエ変換

これを式で言えば，

$$\int F \cdot f_i dx = \int (\sum_n a_n f_n) f_i dx = \sum_n \int a_n f_n \cdot f_i dx = \sum_n a_n \int f_n f_i dx$$

ここで $\int f_i \cdot f_j dx = 0 (i \neq j)$ で $\int f_i \cdot f_i dx$ 以外はゼロになり

$$\int F \cdot f_i dx = a_i \int (f_i)^2 dx$$

つまり

$$a_i = \frac{\int F \cdot f_i dx}{\int (f_i)^2 dx}$$

となる。何だかあっけないが，やってみると実際こうなっている。例えば a_n が

$$a_1 = 2, \ a_2 = 3, \ a_3 = 5, \ a_4 = 1$$

というような組み合わせだと，このときの F は，

$$F = \begin{bmatrix} 11 \\ -1 \\ -5 \\ 3 \end{bmatrix}$$

であるが，この F から今の方法を用いて，逆に a_2 を求めてみよう。まず F に f_2 をかけて積分する，つまり2つのベクトル

$$F = \begin{bmatrix} 11 \\ -1 \\ -5 \\ 3 \end{bmatrix} \quad f_2 = \begin{bmatrix} 1 \\ 1 \\ -1 \\ -1 \end{bmatrix}$$

の内積を作るわけである。この値は

$$11 \times 1 + (-1) \times 1 + (-5) \times (-1) + 3 \times (-1) = 12$$

であり，一方 $\int (f_2)^2 dx = 4$ だから，12を4で割ればちゃん

と $a_2=3$ という値が出てきてくれる。これは連立方程式を解くのとは比較にならないほど楽である（しかし，それなら逆に，他の一般の連立一次方程式もこういう方法で解けるのではないか，などと早合点してはならない。今の場合，こういうことができたのは，$\int f_i \cdot f_j dx = 0 (i \neq j)$ という特殊な関係が満たされていたためであって，一般の連立方程式がこんな関係を満たしていることはほとんどない）。

$\int f_i \cdot f_j dx = 0 (i \neq j)$ の関係を「直交関係」というが，今の場合矩形関数をこれを満たすように選んでいるから，こういう芸当が可能なのである。ここで一つ注意しておくことがあり f_2 や f_4 のように，n が偶数の場合は，ただ区間を二分割，四分割していくだけで大丈夫なのだが，f_3 のように n が奇数の場合，矩形関数は良く注意して作らなければ，この関係を満たせない。なお，f_4 の次の f_5 から f_8 は次のようになる。

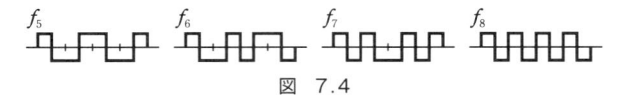

図 7.4

もう一つ，今まで矩形関数のとる値が1および-1として話を進めてきたが，もしこれを α 倍して，α と $-\alpha$ の間で振動する矩形関数だとしても，話には本質的に何の変化もない。このことは記憶しておいていただきたい。

試験等で時間に追われており，かつ今までの話でわかった気分になれた人は，さし当たってはここで読むのを止めてしまってもそれほど差しつかえない。

第7章 フーリエ級数・フーリエ変換

フーリエ級数への移行

さて今まで,任意の関数を矩形関数で展開できる理由は,連立方程式と同じ原理によると説明してきた。しかしこれには少々困った点がある。なぜなら,例えば8個の式からなる連立方程式であった場合,最後の1個を忘れて7個の方程式として解を求めたとき,それが本来の解と大して違わないという保証はどこにあるのだろうか。連立方程式の発想で考えていく限り,そんな保証はどこにもなく,たいていの場合,大きな狂いを生じてしまう。しかしフーリエ級数においては,足し合わせる三角関数の個数を1個増やせばそれだけ近い関数になるという考え方をとっている。

そうだとすれば,これは少々まずい。なぜなら,だんだん近くなっていくというのであれば,たとえ7個でやっても7個分の正確さは保証されている必要があるからである。

それゆえわれわれとしても,連立方程式で全てをぴたりと求めるという考えから,次のようなフーリエ級数本来の考え方に移行したい。それは,足し合わせで作っていった関数ともとの関数との間の誤差を全区間で合計した値が,足し合わせを増やすにつれて小さくなり,無限個足し合わせたときに,誤差が全区間を通じてゼロになってくれるというものである。これならもとの関数を,デジタル関数でなく最初からアナログ関数で考えていくことができ,この点でも都合がいい。

では具体的にはどうすれば良いのか。まず f_1 から考えていこう。f_1 は,要するに定数関数であるが,もとの関数 F は凹凸のある普通の関数であり,これと定数関数がその性質においていささかでも近くなりうるとすれば,それは定数関

数の値が F の平均値をとっている場合ぐらいしかないだろう。

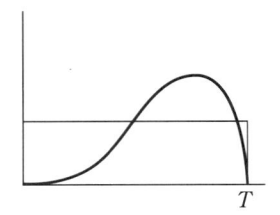

図 7.5

一方，他の矩形関数 f_n は，それぞれを区間 T で積分しても結局キャンセルしてゼロになってしまう。それゆえ，足し合わせた関数 $\sum_n a_n f_n$ を考えたとき，a_2 以降の係数がどんなにがんばってもこれの積分値，および平均値には全く寄与することができない。それゆえこれらは a_1 が引き受ける他なく，

$$\int_0^T F dx = a_1 \int_0^T f_1 dx$$

でなければならない。$\int_0^T f_1 dx$ の値は T だから

$$a_1 = \frac{1}{T} \int_0^T F dx$$

である。つまりこの点から見ても，a_1 は F の区間 T での平均値でなければならない。また，$a_2 f_2$ 以降の関数の役割は，結局のところこの平均値にでこぼこをつけていくだけだとも言える。

さて $a_1 f_1$ という関数は，平均値こそ F と等しいが，完全に平坦でとても「関数」と言えたようなものではない。これと F を比べてまず誰しも考えるのは，せめて右半分にもう少し肉づけをしてやり，左半分からは逆にけずってやれば形だけは似てくるのに，ということである。もう一歩ゆずって，ある値 a_2 を考えて右半分にこれを足し，左半分からはこれを

引いてやるだけでも良い。これは関数 $a_2 f_2$（ただしこの場合は左半分がマイナスなので $a_2 < 0$ である）を足してやる操作と同等である。それゆえこれが f_2 の役割であるべきだろう。

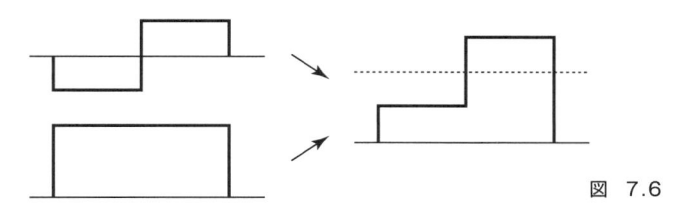

図 7.6

ではこの場合，a_2 の決定はどのようにして行えば良いのだろう。しかしこれは別段，難しいことではない。関数 F は，平均値（a_1）よりも大きい部分が主として右半分に，小さい部分が左半分に集中している。それゆえ，F の平均値からのずれを示すグラフを書き，その面積が $a_2 f_2$ のグラフの二つの長方形の面積に等しくなるように a_2 を決めれば良い。a_2 はいわばずれの平均値である。

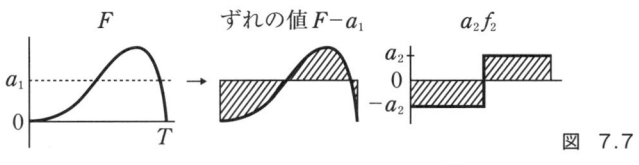

図 7.7

積分を使ってこの面積を求めるには，$\dfrac{T}{2}$ のところで二つの区間に分けて積分してやらなければならない。なぜなら，$a_2 f_2$ の場合を考えればすぐわかることだが，この面積を求めようとしても，そのまま積分したらキャンセルしてゼロになってしまう。この場合 $\dfrac{T}{2}$ のところで二つの積分に分け

て，一方の符号を反転させてから合計しなければならない。F の平均からのずれを示す関数 $F-a_1$ も同様で，これを全区間で積分すればやはりゼロになってしまう。それゆえ面積を求めるには，やはり $\frac{T}{2}$ で二つに分けて一方にマイナスの符号をつける（この場合グラフの形状ゆえマイナスは前半につける），つまり

$$-\int_0^{T/2}(F-a_1)dx + \int_{T/2}^T(F-a_1)dx$$

となるが，これはもう少し簡単に書くことができる。まず，定数 a_1 がキャンセルされてゼロになる。また，積分を $\frac{T}{2}$ で二つに分けて一方の符号を反転させる操作は，実は F に f_2 をかけて積分する操作に置きかえることができる。f_2 をかけることは，前半と後半の区間で F の符号を反転させる操作と同等だからである。そのため結果的に先ほどつけたマイナス符合が再び消えて，平均値たる a_2 の値は

$$a_2 = \frac{1}{T}\int_0^T F \cdot f_2\, dx$$

になる。$a_2 f_2$ をつけ加えることで $a_1 f_1$ よりも一歩 F に近づくことには，誰も異論はないだろう。

さてそうなると次は f_3 および a_3 だが，これは f_4，a_4 といっしょくたにして論じた方が早い。なぜならば，f_3 も f_4 も，ともに区間を4分割したときのでこぼこのパターンを示すものと考えられるからである。f_3 の場合，まん中の二つの区間に正値（ないし負値）が偏った状態を示し，f_4 の場合はでこぼこが交互になっている状態を示す。

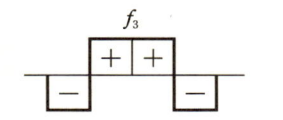

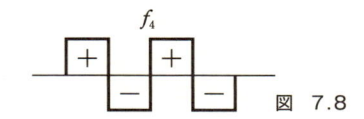

第 7 章 フーリエ級数・フーリエ変換

図 7.8

そこで前と同じように，$F-a_1f_1$ からさらに a_2f_2 を差し引いて $F-a_1f_1-a_2f_2$ を作る。この場合，もとの F が下の図左の①のようであれば f_3 の方により大きなウエイトがかかり，②ならば f_4 の方にウエイトがかかることになるのは明らかである。

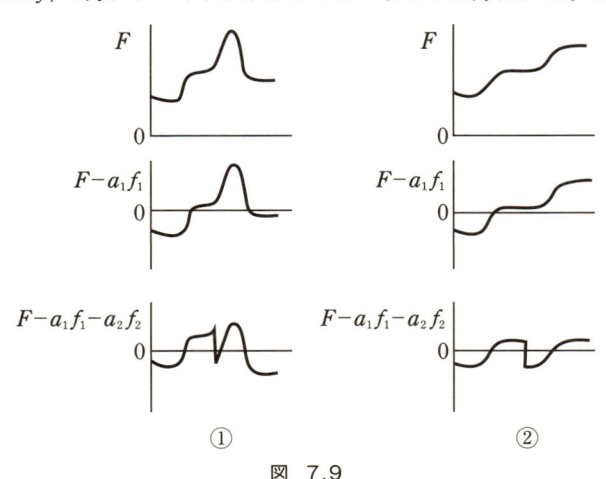

図 7.9

a_3，a_4 の求め方は前と同様の考え方で良く，
$$a_3 = \frac{1}{T}\int_0^T F \cdot f_3 dx$$
$$a_4 = \frac{1}{T}\int_0^T F \cdot f_4 dx$$
によって求められる。

さて，f_4 の次の f_5 から f_8 の四つの矩形関数は，以前示し

た図からも明らかなように，区間を8分割したときのでこぼこのパターンである。しかしちょっと待ってくれ，と思われた読者はおられないだろうか。なぜならば，区間を4分割したさい，確かに f_3 と f_4 の二通りのでこぼこのパターンが示されたが，4分割されたときのでこぼこのパターンは他にもあるはずである。それを素通りして，次の8分割の段階に進んでしまうのは明らかに手抜きであろう。

しかしながら驚いたことに，この問題はすでに知らないうちに解決されてしまっているのである。例えば次のようなでこぼこのパターンを考えてみよう。

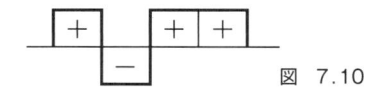

図 7.10

実はこのパターンは，f_1 から f_4 までを用いて作ることができる。

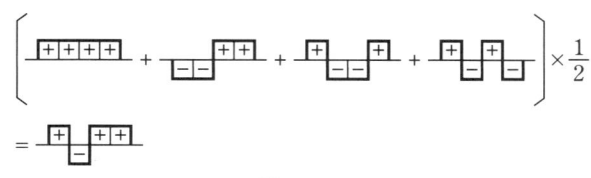

図 7.11

このパターンが特殊なものであったわけでは決してない。どんなパターンでも f_1 から f_4 の四つの組み合わせを用いて作ることができる。なぜできるかと言えば，まさにこの点にさきほど放棄したはずの連立方程式の発想が効いているからである。なお，今 $f_1 \sim f_4$ でわざわざパターンを作ったが，実際に F を展開していくときは，こんな面倒なことをする

必要はない。係数 a_n を求めていく過程の中にこの作業が含まれており，自動的に行われるためこんなことは忘れていても別に差しつかえないのである。区間を8分割する場合も同じことで，f_1 から f_8 の8つの関数で，8分割のあらわれるでこぼこのパターンが（自動的に）表現される。

要するに，たとえずれの平均を少なくする方法に移行しても，最初の連立方程式の発想が放棄されたわけでは決してないのである。区間 T を n 個に分割した場合，でこぼこのあらゆるパターンを洗い出せば（各区間ごとに ＋ と － のどちらかを選択できるから）それは 2^n 個存在するはずである。それが n 個の周期関数で全部表現できるというのがフーリエ級数の凄味であったわけだが，それができる秘密は連立方程式の考えの中にあったわけで，やはりこれは本質に近いことだったのである。

今まで述べた話は，三角関数でもほとんど同様にできる。本質的に矩形関数の場合と変わりないからである。それならば，矩形関数による展開がさっぱりかえりみられないのはなぜだろう。

その理由は，まず第一に何と言っても三角関数というものの性質の良さである。矩形関数が不連続関数であるのに対し，とにかく三角関数は連続関数である。これは微分ができるかできないかという話になり，応用範囲に決定的な差を生じることになる。おまけに三角関数は，2回の微分で（係数つきとはいえ）もとの形に戻ってしまうという非常に便利な性質をもっているのである。それに矩形関数の場合，振動数を多くしていくと，ほとんど到るところで不連続な関数となってしまい，この欠陥は足し合わせた後も尾を引くことにな

って，不便で仕方がない。

第二に，矩形関数の場合，先程見たように f_n を決めるに際してはうまくキャンセルするよう注意して決めなければならない。ところが三角関数の場合，単純に区間を n 分割していけば，三角関数のもつ性質によってうまくキャンセルの条件は満たされてしまうのであり，比較にならないほど楽なのである。

結局のところ矩形関数を用いる利点というのは，こうやって説明するときの概念の単純さ以外には何もないと言って良い。それゆえかえりみられることがないのも当然といえば当然だが，そのためフーリエ級数の概念が摩訶不思議なものと思われるようになっていることも否めない。三角関数から連立一次方程式を連想するには，かなりの飛躍を要するのである。実際，n 個の三角関数で n 分割のあらゆるでこぼこのパターンが表現できることを示すのは極めてむずかしく，矩形関数からのアナロジーで見当をつける以外にどうしようもないというのが実情である。

フーリエ級数の基本的発想についての説明はこのへんで良いことにして，後はフーリエ解析に関するいくつかの話について，簡単にコメントしておくことにする。

フーリエ級数の区間

矩形関数の場合，関数 F を区間 T で展開するに際しては，区間 T を2分割，4分割，8分割していくという発想だったので，最初から区間 T の長さは任意のもので良かった。しかしフーリエ級数の場合，使用する三角関数 $\sin x$, $\cos x$（および e^{ix}）は，何も指定をしない場合は周期は 2π

第7章 フーリエ級数・フーリエ変換

に決まってしまっている。それゆえ任意の区間 T で展開を行う場合，係数 α を操作してやって $\cos \alpha x$ の一周期の長さがちょうど T に等しくなるようにしなければならない。一般の区間 T（もしくは $2T$）のフーリエ級数で，三角関数の部分が $\cos \dfrac{2\pi n x}{T}$（もしくは $\cos \dfrac{\pi n x}{T}$）等としてあるのはこのためである。

フーリエ変換

次にフーリエ変換についてであるが，今述べたことにより，一般の区間 T ではフーリエ級数に用いられる三角関数は $\cos \dfrac{\pi n x}{T}$ や $e^{\frac{i\pi n x}{T}}$（$n = 0, 1, 2, \cdots$）というものである。ここでもし n をそのままにして T を無限大にすれば，$\dfrac{\pi n}{T}$ は無限小になってしまう。ところが n の方も非常に大きな数字にしていけば，分母の無限大を相殺できるだろう。

要するにこういうことである。T を無限大にしたとき $\dfrac{\pi n}{T}$ は，n が1とか2とかいう値だとほとんどゼロだが，n が無限大のあたりではある程度の値をもっている。そして n が $1, 2, 3, \cdots$ のような階段状の増加をしても $\dfrac{\pi n}{T}$ はほんのわずかずつしか増加せず，それはほとんど連続的な変化とみなせる。それゆえ $\displaystyle\sum_{n=0}^{\infty} \cos \dfrac{\pi n x}{T}$ や $\displaystyle\sum_{n=0}^{\infty} e^{\frac{i\pi n x}{T}}$ は $\dfrac{\pi n}{T}$ を v として $\displaystyle\int_0^{\infty} \cos vx \, dv$ や $\displaystyle\int_0^{\infty} e^{ivx} dv$ と書いても差しつかえないことになる。

そうなるとフーリエ級数の式にもこうした連続化を適用できる。そこで

$$F(x) = \sum_{n=0}^{\infty} a_n e^{\frac{i\pi nx}{T}}$$

において，a_n を連続的に変化するものと考え，それを $a(v)$ と表す（グラフで比較すると下のようになる）。

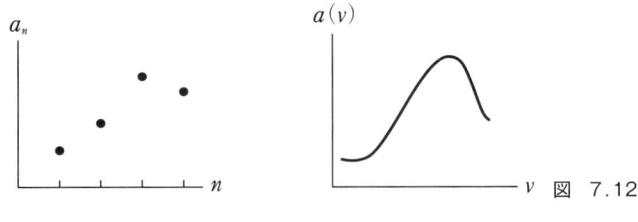

図 7.12

するとこの式は

$$F(x) = \int_0^{\infty} a(v) e^{ivx}\, dv$$

と書くことができる。

一方 $a(v)$ は，v を固定すれば前と同じようなフーリエ係数であるが，フーリエ係数 a_n を求める公式はもともと積分の形で書かれており（混乱のないよう記号として ξ を用いると），

$$a(v) = \int_{-\infty}^{\infty} F(\xi) e^{i\xi v}\, d\xi$$

である。これは F によって $a(v)$ が表現されており，前の式と比べるとほとんど対称である。しかしこのことは別に驚くには当たらない。フーリエ級数の体系そのものが，F を使って係数 a_n を求め，その a_n で F 自身が表現されるというものだったからである。

つまりフーリエ級数を（区間 T を無限大にすることで）$\sum$ を $\int$ に変えたものがフーリエ変換である。そしてこの $a(\nu)$ が「F のフーリエ変換」と呼ばれている。要するにそれだけのことである。

微分方程式への応用

次にフーリエ級数・フーリエ変換の応用についてであるが、そもそもフーリエ級数そのものが熱伝導方程式を解くための道具として誕生したものである。ここでは熱伝導方程式の内容そのものに立ち入るつもりはない。そのかわり、なぜフーリエ級数が微分方程式の分野において広い応用範囲をもつのかという、その理由を一言述べておこうと思う。

その理由はちょっと考えればわかるだろう。つまるところそれは、三角関数というものが微分操作に関して極めて良い性質をもつという点にある。もし関数 F が

$$F(x) = \sum_n a_n e^{inx}$$

という形に表現できるならば、例えばこれを二階微分すると

$$\frac{d^2 F}{dx^2} = \sum_n a_n \frac{d^2}{dx^2}(e^{inx}) = \sum_n a_n(-n^2) e^{inx}$$

という形になる。これを見れば、$-n^2$ というものが各項の中に出てくるほかは、もとと同じ $a_n e^{inx}$ になっていることがわかる。つまりこの $-n^2$ をうまく処理できるような方程式であれば、これによって解くことができるだろう。もちろんそれができるような方程式の種類は非常に限定されたものに過ぎないが、それにしてもかなり広い応用が期待できることは明らかである（なお、熱伝導方程式自体の解法には、フー

リエ級数より主としてフーリエ変換が用いられることが多い)。

スペクトル

今の場合はフーリエ解析を道具として使った場合だが，フーリエ変換そのものが一つの物理的意味をもっている。

光を分光器に通すとスペクトルに分解されることは誰でも知っている。ところでこのスペクトルとは何かということを正確に言えば，それはそれぞれの波長ないし振動数の光が，どのくらいの強さで含まれているかを各波長ごとに示したものであると言える。これは一つの関数と考えることができ，グラフにしてみれば，横軸に波長（もしくは振動数），たて軸にその強度を示したものになるだろう。

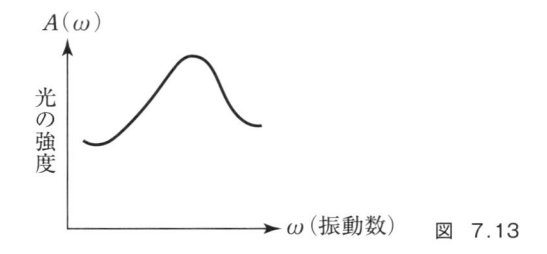

図 7.13

さてそれでは逆に，このスペクトル $A(\omega)$ を使ってもとの光を数学的に表現するにはどうすれば良いだろうか。しかしこれはそれほど難しいことではない。言うまでもないことだが光というものは波動であり，これは重ね合わせがきく。要するにこの場合，それぞれの振動数の光を表現する関数に，その強度をかけて，片っぱしから足していけば良い。そして振動数 ω の光の波動は，関数 $e^{i\omega t}$ で示され，その強度

はスペクトル $A(\omega)$ の値で表される。そしてこれを ω で積分したものがもとの光だということになる。つまり

$$\int A(\omega) \cdot e^{i\omega t} \, d\omega$$

となり，これはフーリエ変換そのものである。そうしてみると，フーリエ変換の性質——同じような操作2回でもとの関数に戻る——から考えて，スペクトルを表す関数 $A(\omega)$ 自体も，もとの光のフーリエ変換になっているであろうことは想像に難くない。すなわちフーリエ変換は，スペクトル分解という物理的意味をちゃんともっているのである。

フーリエ変換と線形システム

フーリエ変換にはもう一つ，線形システムへの応用という，重要な用途がある。これは物理というよりはむしろ電気の分野に属するものであり，例えば信号を入力したりしたとき，本来もっと複雑な形で記述されるものを，フーリエ変換を使って二つの関数の積などの形で表現してしまうものである。

しかしこれについては，ここで述べることにはあまり意味がない。なぜならこれはもっぱらフーリエ変換の数学的特性を応用したもので，言葉で説明するよりは数式を丹念に追っていった方が早いからである。

ただ，そういう応用がきく理由がどこにあるかということだけを一言述べればこういうことである。例えば $g(t)$ をフーリエ変換したものを $G(\omega)$ とすれば

$$G(\omega) = \int g(t) e^{i\omega t} \, dt$$

と書かれるわけだが，この積分の中の $e^{i\omega t}$ をいろいろいじることができるという点が，応用への道を開いているのである。あらためて言うまでもないが，e^x については $e^{A+B}=e^A \cdot e^B$ という関係が成り立つ。このことだけを考えても，さまざまな応用が期待できそうだということは容易に想像がつく。

関数の内積と直交関係

最後に，関数の内積と直交関係について一言述べておくことにする。フーリエ解析の場合に限らず，二つの関数 f と g の内積は $\int f \cdot g \, dx$ で定義される。一方われわれが内積という概念に最初に接するのは高校のベクトルの内積で，それによれば二つのベクトル $\vec{A}=(a_1, a_2, a_3)$ と $\vec{B}=(b_1, b_2, b_3)$ の内積は $\sum_{i=1}^{3} a_i b_i$ だということになっていた。

したがってベクトルの内積の概念に移行する必要があるのだが，これは以前やったようにデジタル関数で考えれば，ほとんど疑問の生じる余地はないものと思う。実際，三つの値をもつデジタル関数 F, G を考えると，$\int F \cdot G \, dx = \sum_{i=1}^{3} F(x_i) G(x_i)$ となり，三次元空間におけるベクトルの内積と完全に等価である。つまり一般のアナログ関数の内積 $\int f \cdot g \, dx$ というのは，無限次元，つまり成分の数が無限にあるベクトルの内積と等価だということになる。

高校のベクトルでは，二つのベクトルの内積 $A \cdot B$ がゼロ

第7章 フーリエ級数・フーリエ変換

なら $\vec{A}$ と $\vec{B}$ は直交しているということになっていた。フーリエ解析でもこれをそのまま引きついで、内積 $\int f \cdot g \, dx$ がゼロなら、関数 f と g は直交関係にあるという。例えばデジタル関数 $F = (1, 1)$, $G = (-1, 1)$ を考える（図7.14）。

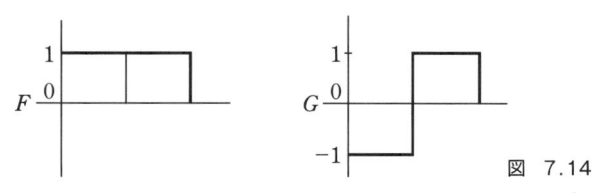

図 7.14

内積はゼロだから、F と G は直交関係にある。一方これらの関数を二次元のベクトルと考えて平面上にプロットしてやると、次の図のようになる。

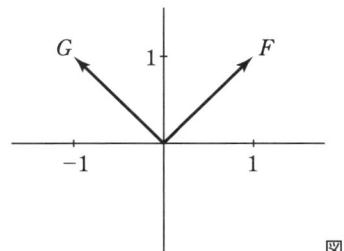

図 7.15

確かに F と G は直交以外の何物でもない。そして係数 α と β を考えて $\alpha F + \beta G$ というものを考えれば、これで平面上のいかなる点も表現できる。したがって二つの値をもつ任意のデジタル関数は、F と G で「展開」できると考えてよい。

この話は、線形代数に登場する直交基底の話とよく似ている。フーリエ級数の場合、無限次元の空間で、この種の直交

基底に相当する直交関数のワンセットをそろえて，空間の任意の点を表す，つまり任意のアナログ関数を表現するというのが，この観点から見た基本的な考え方である。しかし考えてみれば，線形代数という分野そのものが連立一次方程式を要領よく扱うための理論であって，一方フーリエ級数の概念の根底に連立一次方程式の概念が横たわっているとするならば，この二つの分野が同じ「直交系」という概念を経由したとしても，別に不思議はないだろう。

第 8 章

複素関数・複素積分

複素関数論の講義というものは，これを受講するほとんどの学生にとって，ジャングルに迷いこんだような感じを与えるもののようである。しかしそれも実に無理のない話であって，教科書を開くと，コーシー・リーマンの関係式だのコーシーの定理だの収束条件だのが延々と連なっていつ果てるとも知れず，ついに何のためにどこへ行こうとしているのかわからなくなってへたりこんでしまうのである。実際，私が見た範囲内では，当時自分が何をやっているのかを把握していた学生は，ほとんどいなかったように思う。そこでこの章では，複素関数論というものの主目的とその概要を，最も簡単と思われる形で述べることにする。

複素積分の概要

　複素関数論のそもそもの目的は，これを応用した複素積分を用いて，実数関数の積分値を求めることにある。つまり，求めたいものは，われわれが普通使っているような実数関数 $f(x)$ の定積分 $\int_{-\infty}^{\infty} f(x)dx$ などの値であり，こういった積分値を，いったん複素数を経由した後，この値を示す部分を抽出するという間接的な方法で求めるのが複素積分である。

　複素関数が導入されたのはこの目的のためだが，目的が $f(x)$ の積分値である以上，出発点はあくまで $f(x)$ であり，ここで x のかわりに複素数 $z=x+iy$ を代入することによって，$f(z)$（または $f(x+iy)$）という複素関数を作る。実数関数から複素関数への移行はこうして行われるわけで，この複素関数 $f(z)$ は，生まれながらの複素関数というよりはむしろ一種の合成関数なのである。

第8章 複素関数・複素積分

こういった複素関数は，変数 z も関数の値 $f(z)$ もともに複素数で，記述にはそれぞれが一枚の複素平面を必要とする。そのため $f(z)$ のグラフを書くには四次元でなければできないわけで，仕方がないから変数と関数の値を別々の複素平面上に書くのが普通である（以下しばらくは，複素平面の図が出てきたならば，特別のただし書きがない限りそれは変数 z の値を示す複素平面であって，関数の値 $f(z)$ を示すものではない。間違わないよう注意していただきたい）。

さて変数 z が一般の複素数であれば，$f(z)$ も複素数の値をとる。しかし $z = x + iy$ の y を0とすれば z は実数 x になり，そしてこのとき $f(z)(=f(x))$ は実数値関数に戻ったと考えてさしつかえない。

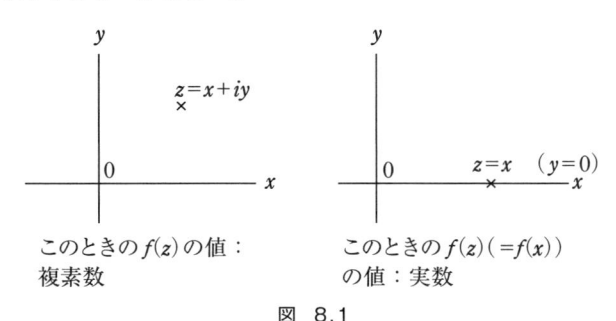

このときの $f(z)$ の値：
複素数

このときの $f(z)(=f(x))$
の値：実数

図 8.1

そうだとすれば，この複素平面上に積分路をとって積分を行う場合，次ページの図8.2のように積分路が区間 $[a,b]$ で実数直線と重なっていた場合，この部分の積分だけを抽出すれば，それは事実上，実数定積分 $\int_a^b f(x)dx$ と同じものである。

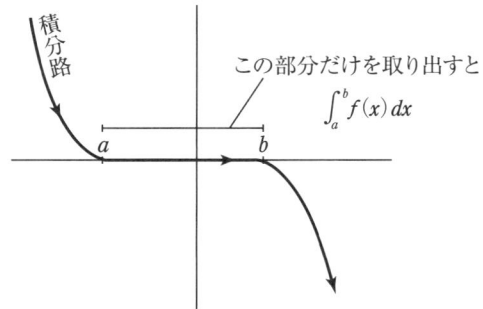

図 8.2

　複素関数で積分を行ってから実数積分を抽出するという考えは基本的にこのようなものである。そうなると次は、積分を複素領域に拡大することにはどんなメリットがあるかということになる。実は複素積分は一つの驚異的な性質をもっており、そこに応用価値がある。それは、複素関数 $f(z)$ には、それぞれ関数 $f(z)$ から定まる「特異点」というものがあり、積分路がその特異点を内側にとりこんでいる閉曲線である限り、積分路の形がどんなふうであっても積分値は変わらず、その値は特異点だけから決まってしまうというものである。例えば下の図の三つの積分路は形が全く異なるが、$f(z)$ をこの上で積分しても積分値は三つとも同じになってしまう。

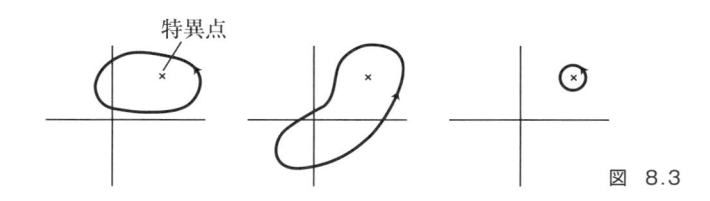

図 8.3

第 8 章　複素関数・複素積分

そうだとすれば、その一変形として図8.4のようなものを選んでも良いはずである。

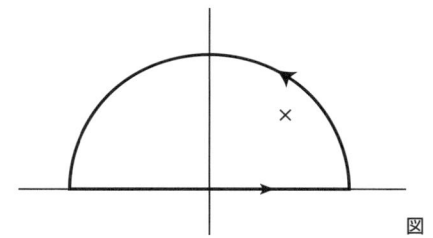

図　8.4

この積分路であれば、実数直線と一致している部分はそのまま実数積分のために使うことができる。しかしこの場合、特異点から求まった積分値というのは、残念ながら実数直線部分と半円部分のものを足した値であって、半円部分の積分値を分離できないことには仕方がない。しかし関数 $f(z)$ の性質によっては、半円部分の積分値をゼロとみなすことができる場合がある。そうなれば、めでたく実数積分の値を求めることができる。これが標準的な複素積分のパターンである。

今の話で出てきた特異点というものについて述べれば、これは要するに関数の値が無限大になってしまう点のことで、例えば関数 $f(z) = \dfrac{1}{z^2+1}$ は $z = \pm i$ の点で無限大になる。この点がこの関数の特異点である。一方 $f(z) = z^2$ のような関数だと、どこにも特異点は生じない（ただし無限遠の点は除く）。つまりこの種の関数に対しては、複素関数論を適用してもさっぱり成果は上がらないのである（しかしそもそもそ

んな面倒くさいことはする必要がない。$f(x)=x^2$ の定積分を求めることができない人はいますか？）。

では次に，どうしてその特異点から閉曲線の上の一周積分値を求めるのかについての概要を述べることにする。

ここで扱うような複素関数 $f(z)$ は，一般に「ローラン級数」というものに級数展開することが可能である。これは点 z_0 のまわりで展開すると

$$f(z)=\sum_n a_n(z-z_0)^n$$

という形に表現される。これだけ見れば，テイラー展開で x のかわりに z と書いたものと同じ形をしているが，ローラン展開がテイラー展開と異なるのは，テイラー展開の場合 n は正の整数に限られていたのに対し，ローラン展開では n は正負両方の整数であるという点である。さて簡単のため $z_0=0$ として，関数 $f(z)$ が

$$f(z)=\sum_n a_n z^n \ (n=\cdots,-2,-1,0,1,2,\cdots)$$

と書けるとしたならば，これを（閉曲線 C に沿って）積分したもの

$$\int_C f(z)dz = \int_C \sum_n a_n z^n dz$$

は，$\sum$ について項別積分ができて

$$\int_C f(z)dz = \sum_n a_n \int_C z^n dz \ (n=\cdots,-2,-1,0,1,2,\cdots)$$

と書ける。ところが何と，$\int_C z^n dz$ という積分は，$n=-1$ の場合を除いて全部ゼロになってしまうのである。そういうわ

けだから，係数 a_n をせっかく求めても，a_{-1} の1個以外は隣の積分のゼロの道づれにされて消えてしまう。結局

$$\int_C f(z)dz = a_{-1}\int_C z^{-1}dz$$

となる。この係数 a_{-1} を，「ただ一つ残ってしまうもの」との意味で「留数」と呼ぶ。一方積分 $\int_C z^{-1}dz$ の値は別に求めることができて，それは（閉曲線 C の形にかかわりなく）$2\pi i$ という値になる。最終的に

$$\int_C f(z)dz = 2\pi i a_{-1}$$

となり，ローラン級数の係数 a_{-1} を求めれば，一周積分の値が求まってしまうわけである。特異点は，ローラン級数を求める際に必要とされる。複素積分の値の求め方についての概要は以上である。

なぜ $\dfrac{1}{z}$ 以外の項は消えてなくなるか

しかし一見して奇妙と思えるいくつかのことがある。まず第一に，さきほどの留数に関することであるが，関数がそういった級数に展開できるというのは，まあ十分ありそうな話に違いない。しかし積分をすると z^{-1} 以外の項が全部ゼロになってしまうというのはどうだろう。これは何とも拍子抜けのする話であって，他の項は一体何をしているのかと言いたくなる。

しかし複素関数論以外の分野でも，展開してやった項が一つを除いて全部消えてしまうという例を見つけてくることは

できる。例として、フーリエ級数の場合をとってみよう（別に読者は今、フーリエ級数とは何かを理解している必要はない。ただ単に、ある関数が三角関数によって展開できるということを知っているだけで十分である。知らなかった人は今、そういうものだと思っていただければそれで良い）。

簡単のため、$F(x)$ が $\sin nx$ で展開されるとする、つまり

$$F(x)=\sum_n a_n \sin nx$$

と書けるとする。こうしておいて、この $F(x)$ を積分する。しかしただ積分するのではなく、$\sin x$ をかけたうえで積分する、つまり

$$\int_0^{2\pi} F(x)\sin x\, dx$$

はいくらかというのが問題である。$F(x)$ がさきほどのように展開できるのだから、これは項別積分できて

$$\int_0^{2\pi} F(x)\sin x\, dx = \int_0^{2\pi} \sum_n a_n \sin nx \cdot \sin x\, dx$$

$$= \sum_n a_n \int_0^{2\pi} \sin nx \cdot \sin x\, dx$$

となる。しかし最後の項の $\int_0^{2\pi} \sin nx \cdot \sin x\, dx$ というのは、グラフを描いてみればすぐにわかるが、$n=1$ の場合を除くと、0 から 2π まで積分するとキャンセルしてゼロになってしまうのである（次の図8.5）。

結局、$\int_0^{2\pi} \sin^2 x\, dx$ の値を k とすれば、

$$\int_0^{2\pi} F(x)\sin x\, dx = a_1 \cdot k$$

第8章 複素関数・複素積分

sin$x$	sin$2x$	定数 c

(図: 上段に sin$x$, sin$2x$, 定数c のグラフ、×記号、中段に sin$x$ のグラフ、↓、下段にそれぞれの積のグラフ)

$\int_0^{2\pi} \sin^2 x \, dx$ 　　$\int_0^{2\pi} \sin x \sin 2x \, dx$ 　　$\int_0^{2\pi} c \sin x \, dx$

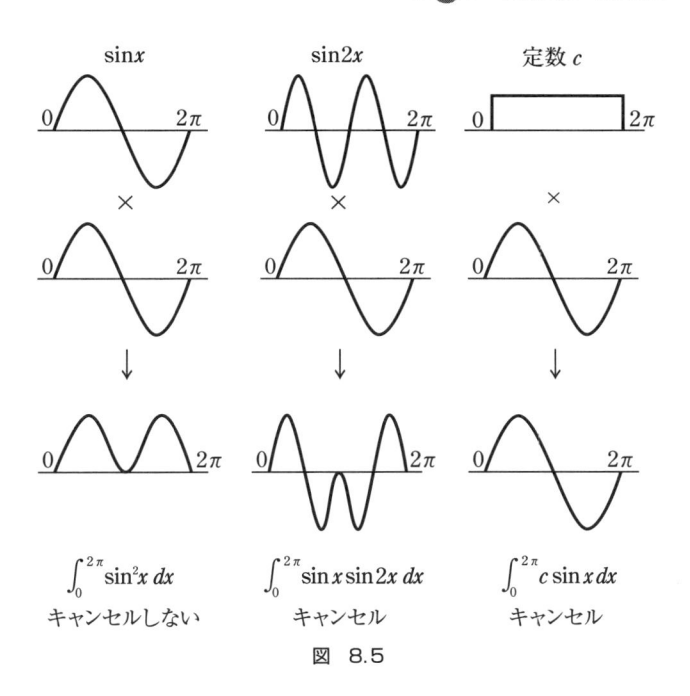

キャンセルしない 　　キャンセル 　　キャンセル

図 8.5

となって，やはり a_1 以外の係数は必要なくなってしまうのである。今の場合，ただの積分ではこんなことは起こらないが，積分をする前に sin x をかけたために，大規模なキャンセルが引き起こされたのである。

ということは複素積分の場合も，何かこの sin x に相当する要因があって，やはりそれがキャンセルを引き起こしているのではないかという推測が成り立つ。そこでこれを調べていくことにしよう。

大体，$f(z)$ の複素積分を $\int f(z)dz$ と気安く書くが，実のところこの $\int dz$ そのものの中にからくりがあり，われわれが捜しているものもその中にあるのである（なお，ここから先，くわしい計算はオミットしてしまうので，きちんと理解したい読者は，教科書とつき合わせながら読むと良いだろう）。

$f(z)$ というものが一種の合成関数であることは以前にも述べたが，このためこれを積分するとき，例えば積分路 C_1 と C_2 が同じ始点から出発して同じ終点に至るとしても，途中のコースが異なれば積分値は異なったものになってしまう。要するに積分値 $\int_C f(z)dz$ は，関数 $f(z)$ に依存するのと同程度に，積分路 C の形に依存しているのである。

一番簡単な例を考えると，積分路が実数直線に沿ったものであるならば，これはわれわれがこれまで知っていた積分と全然変わらない。関数 $f(z)$ に，最も単純なものとして定数関数 $f(z)=i$ を考え，これを実軸に沿って0から1まで積分すると，

$$\int_{C_1} idz = i\int_0^1 dt = i \qquad C_1 = \{z \mid z=t, 0 \leq t \leq 1\}$$

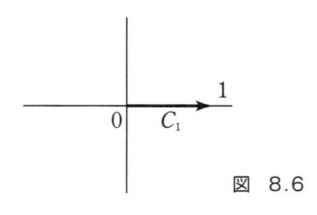

図 8.6

で，積分値は i である。では同じ定数関数 i を，虚軸に沿っ

第8章 複素関数・複素積分

て0から i まで積分したときの値はどうなるかと言えば（詳しい説明は省くが，これは置換積分と考えることができて），

$$\int_{C_2} idz = \int_0^1 i \cdot idt = -1 \qquad C_2 = \{z \mid z = it, 0 \leq t \leq 1\}$$

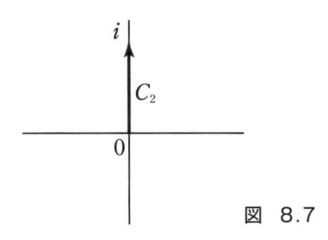

図 8.7

で，-1 が積分値である。まあこういった計算のやり方をまるおぼえして慣れてしまえば，複素積分の計算は十分できるのだが，イメージをつかもうとするとだんだん頭がこんがらがってしまうものである。そこでわれわれとしては，この複素積分の基本的な計算方法について，何か単純なイメージをつかんでおきたい。さもないと以後の説明は，わけもわからず数式にへばりつく以外なくなってしまう。

さてそれでは，どんなイメージを描けば良いのかであるが，結論を直接述べてしまおう。まずたくさんの小さな画びょうを考えていただきたい。そして画びょうの円形部分に，複素平面を縮小して円形に切ったものを貼りつけるのである。そしてここで，画びょうの上の複素平面には，実軸の正方向に矢印をつけておく（次ページの図8.8）。

図 8.8

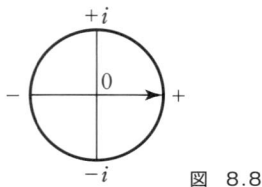

　この画びょうの上に、関数の値 $f(z)$ を表示しようというのである。つまりこの複素平面を縮小しておく理由は、関数 $f(z)$ の値が画びょうのへりからはみ出ないようにするためであって、もし $f(z)$ が非常に大きな値をとる場合、複素平面は顕微鏡的に縮小しておかなければならない。

　これとは別に、もっと大きな複素平面のボードを用意する。これは今まで扱ってきたような、変数 z を表示する複素平面である。そして、今の画びょうをこのボード上の点 z_1 に突き刺すと、画びょうの上に $f(z_1)$ の値が示されるということにする。

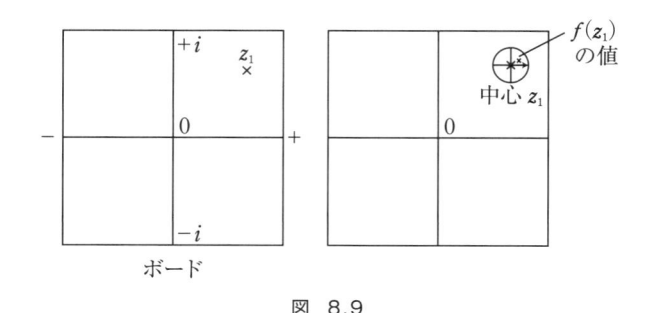

図 8.9

　この場合、画びょうの上の矢印はまっすぐ右を向けてお

く。さてこうしておくと、先程の定数関数 $f(z)=i$ の積分はどう表現されるだろうか。この場合 $f(z)$ は定数関数なのだから、画びょうをどこに突き刺そうが、画びょうの上に示される $f(z)$ の値は i である。まず実軸沿いに積分する場合、これを実軸沿いに0から1までびっしり並べる。

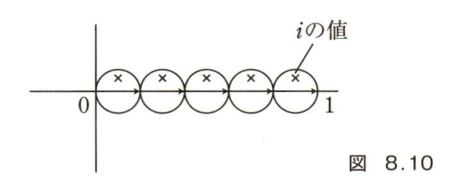

図 8.10

　一般に定数関数の積分値が積分区間の長さに比例することから考えて、この場合画びょうの上の $f(z)$ の値を画びょうの個数で合計したものが積分値になると考えるのが、妥当であろうと思われる。もちろん、画びょうの大きさを小さくして個数を多くしてしまうと、合計した値も比例して大きくなってしまうことになるが、それはあらかじめ個数で割っておけば良い。

　では虚軸上で積分したらどうなるのだろうか。この場合も、画びょうの上の $f(z)$ の値が i であること自体は変わりない。ところがこれをただ画びょうの個数で合計したなら、積分値は先程と同じ i になってしまう。実際には積分値は -1 でなければならない。どうすればつじつまを合わせることができるのだろうか。

　それに対する解答は、次のページの図8.11のように画びょうの矢印を上向きにしてしまうことである。

図 8.11

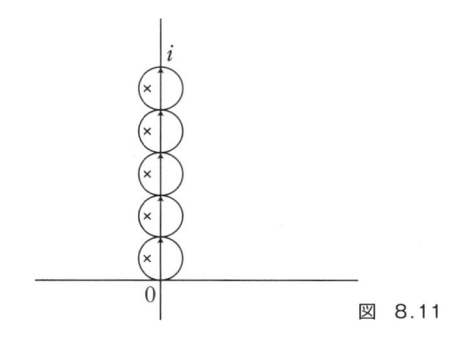

　画びょうが90°回転することで，i も 90°回転して -1 のように見えるわけである。そしてこれをそのまま合計すれば，積分値が -1 になると解釈できるだろう。

　そしてこれは次のように一般化できる（証明は略）。複素平面上に積分路 C をとったとき，積分路の上にびっしりと画びょうを刺していく。このとき画びょうの上には，針を刺した点 z に対応する $f(z)$ の値が現れる（なお，今は画びょうの矢印は全部右向き）。この状態が下の図8.12である。

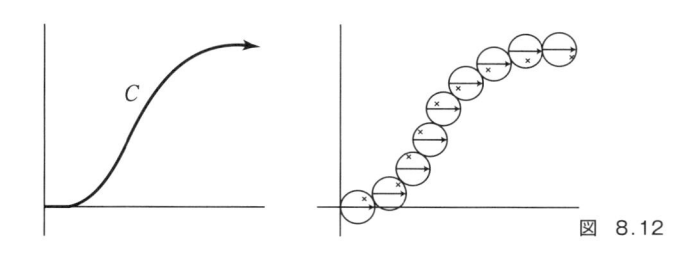

図 8.12

第8章 複素関数・複素積分

そして次に画びょうを回転させて、矢印を積分路の方向に一致させる。

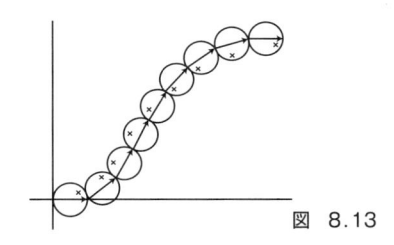

図 8.13

そして回転操作を受けた後の画びょうの上の値をそのまま合計すれば、それが積分値 $\int_C f(z)dz$ を意味する。気安く $\int_C f(z)dz$ と書かれたものの中には、実はこれだけの操作が含まれていたのである。

さて、われわれが捜している物は何であったかと言えば、それはキャンセルを引き起こす元凶となるものであった（大部分の読者はすでに忘れていることと思うが、今論じているのは、なぜ $\frac{1}{z}$ 以外の項が一周積分するとゼロになってしまうかについてである）。しかしその正体はこれで明らかにできる。最も簡単な例として、定数関数 $f(z) = \alpha$ （実数）を円周上で一周積分してみよう。

α は実数としたから、その向きは画びょうの上では矢印の方向に一致している。そして画びょうの矢印は、積分路である円周上を一周するうちに一回転してしまう（次ページの図8.14）。

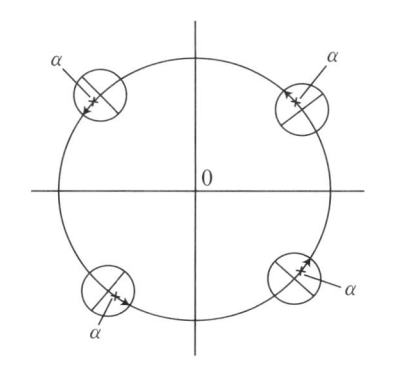

図 8.14 画びょうの上の複素平面

回転を受けた後の α の値を合計すれば，それがあらゆる方向に等分にあるため，キャンセルしてゼロになってしまう。

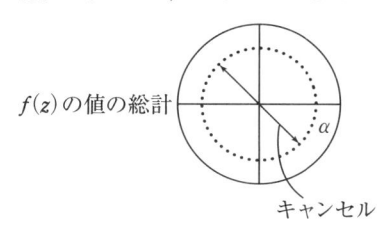

図 8.15 $f(z)$ の値の総計　キャンセル

つまり一周積分において，円周上で画びょうの矢印が一回転するということが，キャンセルを引き起こす原因であったというわけである。

ここまで来れば，話はもう一歩進めることができるだろう。つまり，それならどういう関数ならキャンセルされずに値が残るのかということである。画びょうの回転によってキャンセルされてしまうことが問題なのだから，話はそれほど難しくない。要するに画びょうの回転を相殺できるような関数であれば良い。結論を先に言ってしまえば，$1/z$ という関

第 8 章 複素関数・複素積分

数はまさにそういうものである。

画びょうの回転を相殺するとは、具体的に言えば、積分路の上を進む過程で画びょうの矢印が左に θ だけ回転したとき、画びょうの上の複素平面で、$f(z)$ の値を示す点が右に θ だけ回転すれば良い。矢印の回転は、積分路が円の場合、画びょうを刺す位置を θ だけ移動すると、左に θ だけ回転する。

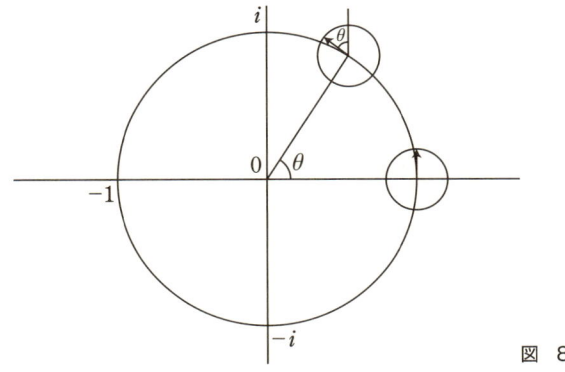

図 8.16

$1/z$ という関数は、どの教科書にも書いてあることだが、変数 z を $re^{i\theta}$ と書いたとき、$1/z$ は右回りに角度 θ で回転していく、つまりボードの上の画びょうの位置を左回りに θ 移動すれば $f(z)$ の値が右に θ 回転するという、相殺のための条件を満たしている。

もう少し詳しく見ていけば、出発点である $\theta=0$ の点では、$1/z$ の値は実数なので、画びょうの上の $1/z$ の値は実軸上、つまり矢印と同じ方向にある。そのまま画びょうの矢印を相殺しながら進むのだから、$1/z$ の方向は常に真上（i 方向）を向いており、その状態で 2π まで円周上を一周する。

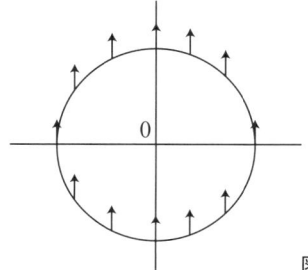

図 8.17

　$1/z$ の一周積分の値が $2\pi i$ になるのは、こういう理由だったわけである。$1/z$ は、このように画びょうの上で右方向1回転することによってキャンセルされずにすんだが、z や z^2 といった関数は左方向1回転および2回転なので、画びょうの左回転を相殺できない。一方 $1/z^2$ という関数は $1/z$ と同じく右方向回転であるが、それは右方向2回転である。それゆえ確かに画びょうの左方向1回転を打ち消すことはできるものの、自分の右方向回転が1回転分残ってしまい、自分で自分をキャンセルしてしまうのである。$1/z^3$ 以上の関数についても同様であり、結局 z^n の中で残るのは z^{-1} の一つだけなのである(なお注意しておくが、これは別に円周上で積分したときキャンセルされない関数は $1/z$ 以外に存在しないと言っているのではない。z^n の中では z^{-1} しかないと言っているだけであって、一般の $f(z)$ を考えれば、キャンセルされないものはいくらでもある)。

コーシーの積分定理——なぜ積分路を変形できるか

　さてここのところ、積分路を円として話を進めてきたが、これだけでは前の話とつながらない。前の話ではカマボコ型

をはじめとする，いろいろな積分路を考えていたからである。ここで必要になってくるのが，積分路をどんな形にとってもそれが同じ特異点を内側にとりこんでいる限り積分値は一定，という定理である。これは複素積分に関する第二の不思議であるが，これを用いて初めて，円で通用した話をカマボコ型でも通用するとみなすことができる。

「特異点を内側にとりこんでいる限り，積分路の形がどんなものであっても積分値が変わらない」ということは，次のことと等価である。すなわち，特異点を含まない閉曲線を積分路とした場合，その上での積分値がゼロになるということである。

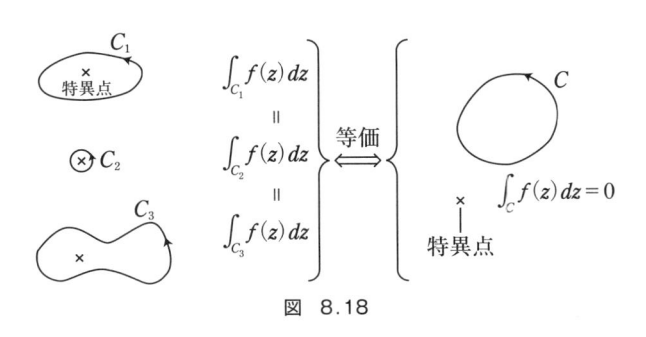

図 8.18

その理由は次の通りである。一般に，二つの積分路 A, B が次ページの図8.19左のように一部でぴったり接している場合，接している部分の積分は，同じ経路を逆向きに積分するためにキャンセルしてしまうので，同図右の積分路 C（A, B 二つをつなげた形をしたもの）の上での積分値が，A, B 二つの上でそれぞれ求められた積分値の合計に等しくなる。

図 8.19

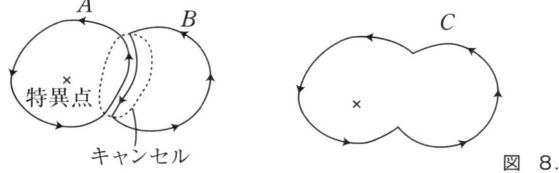

　この図では，A は特異点を含むが B はそうではない。もし今言ったように，特異点を含まない場合の積分値がゼロなら，$\int_A + \int_B = \int_C$ のうち $\int_B$ がゼロだということになり，A 上での積分値と C 上での積分値が等しくなる。

　この調子で B のような積分路をどんどんつなげていくことができれば，C としてどんな形の閉曲線でも作ることができる。逆に，A から積分路をかじり取って小さな閉曲線にしていくこともできる。この，$\int_B$ がゼロになるというのが，コーシーの積分定理と呼ばれるものである。つまり，この複素積分の第二の不思議は，たどって行けばその源はコーシーの積分定理にあるわけである。

　「特異点を含まない閉曲線上の積分値はゼロである」という言い方は，実はあまり正しい言い方ではない。コーシーの積分定理を正しく言えば，それは「閉曲線内部で関数 $f(z)$ が正則なら，その閉曲線上での積分値はゼロになる」というふうになる。この中に出てきた「正則」とはどういうことかといえば，複素関数 $f(z)(=f(x+iy))$ を，二つの実数値関数 $u(x,y)$，$v(x,y)$ を用いて $f(z) = u(x,y) + iv(x,y)$ と書いたとき，u，v が次のコーシー・リーマンの関係式

$$\begin{cases} \dfrac{\partial u}{\partial x} - \dfrac{\partial v}{\partial y} = 0 \\ \dfrac{\partial u}{\partial y} + \dfrac{\partial v}{\partial x} = 0 \end{cases}$$

をある点zで満たしていれば，$f(z)$ は点zで正則であるという。

　結局この正則という条件が積分路を自由に変えることを許しているわけだが，これについてはほとんどの人が結果を記憶するだけで満足しており，事実それで困ることはほとんどない。そこでこれに関してはあまり深入りせず（ちょうど先程，フーリエ級数を用いて$1/z$以外の項のキャンセルを説明したように）似たイメージを提供するにとどめようと思う（急いでいる人は，もうこのパラグラフは飛ばしても良い）。

　このコーシー・リーマンの関係式は，式の形がベクトル解析の $(\mathrm{rot}\,\vec{A})_z = 0$ を意味する $\dfrac{\partial A_y}{\partial x} - \dfrac{\partial A_x}{\partial y} = 0$ にどこか似ていなくもない。実際，調べてみるといくつかの点で似通っているのである。

　ベクトル解析における rot の概念は，水流の回転と密接に結びついている。それゆえここでは，水流のアナロジーで述べていこう。水の中で水車を回転させれば，周囲の水も回転して渦を作る。ここで水車の外側をぐるりと閉曲線で囲って，水流の回転をその閉曲線上で測定すれば，そのデータを総合して処理することで，閉曲線内部の水車の回転がどの程度かを割り出すことができるだろう。この場合，割り出し方がいい加減なものでない限り，どんな閉曲線で囲んで測定しても，割り出した水車の回転は同じ値であるはずである。ま

た，水車が外にあるなどして閉曲線内部に水車を含まない場合は，割り出した値はゼロでなければならない。

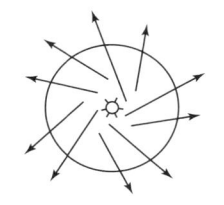

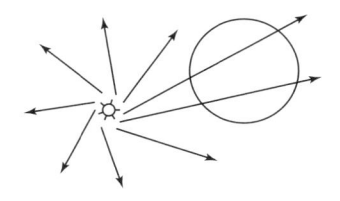

図 8.20

ベクトル解析にストークスの定理と呼ばれるものがあり，
$$\iint_S \mathrm{rot}\vec{A} \cdot d\vec{s} = \int_C \vec{A} \cdot d\vec{r}$$
という式で書かれるが，この定理が主張することが今の内容と同じものである。左辺の rot $\vec{A}$ というのは，要するに閉曲線 C の内側にある水車の回転の強さであり（本書の「ベクトルの rot と電磁気学」の章でこれについては述べた。読んでいない方，簡単だから後で参照されたい），その面積分 $\iint_S$ は，閉曲線 C の内部にもし水車が複数個あったときそれを合計することを意味する。一方右辺についていえば，$\vec{A} \cdot d\vec{r}$ というのは，水車によって生じた水流 $\vec{A}$ の，閉曲線 C との平行成分である。つまり水流が閉曲線に垂直に通過する場合，次の図8.21のようにこの値はゼロである。

第 8 章 複素関数・複素積分

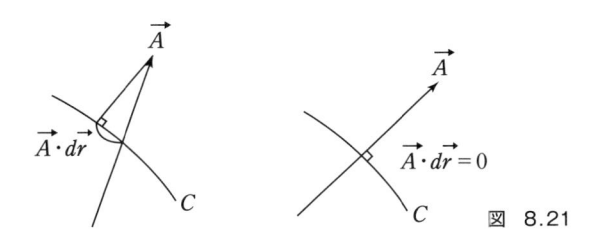

図 8.21

その積分 $\int_C$ は，閉曲線全体でこの総和をとることを意味する。これによって内部の水車の回転を割り出すことは十分可能であるように思われる。実際，水流の回転を閉曲線上から検出した値と，内部の水車の回転を示す値が一致するというのが，このストークスの定理の主張である。

コーシーの積分定理とストークスの定理のアナロジーとは次の点である。複素関数論のコーシー・リーマンの関係式

$$\left[\begin{array}{l}\dfrac{\partial u}{\partial x}-\dfrac{\partial v}{\partial y}=0 \\ \dfrac{\partial u}{\partial y}+\dfrac{\partial v}{\partial x}=0\end{array}\right.$$

をベクトル解析における $(\mathrm{rot}\,\vec{A})_z=0\left(\dfrac{\partial A_y}{\partial x}-\dfrac{\partial A_x}{\partial y}=0\right)$ に対応させるとする。要するに「$f(z)$ が閉曲線の内部でコーシー・リーマンの関係式を満たしており，正則である」ということを「閉曲線の内側では回転する水車がない」ことに置き換えるのである。そして $\int_C f(z)dz$ を，ストークスの定理の右辺 $\int_C \vec{A}\cdot d\vec{r}$ とすれば，二つの定理の対応がついて「$f(z)$

が正則ならば $\int_C f(z)dz = 0$」が「水車がない（$(\mathrm{rot}\,\vec{A})_z = 0$）なら $\int_C \vec{A}\cdot d\vec{r} = 0$」に相当するわけである。

さらにもう一歩進めて，$\mathrm{rot}\,\vec{A}$ がゼロでない領域というのをどんどん狭くして一点に凝縮すると，それは半径無限小の水車が超高速で回転していると解釈できる。つまりこの超小型水車が特異点のアナロジーである。実際そうであれば，閉曲線内部にこういう水車が何個あるかによって，閉曲線上で検出される回転の値は決まってしまうことになり，特異点と複素積分の関係によく似たものになる。

以上のアナロジーは，完全に正確なものとは言えない。正則という条件は，もともと複素関数 $f(z)$ の微分を考える際，$z+h$ の h をあらゆる方向にとっても微分の値が変わらないようにするために導入されたもので，$\mathrm{rot}\,A$ とは異なる点が少なくないからである。しかしまあ当たらずとも遠からずというところであって，イメージをつかむにはこれで十分だと思う。それゆえこの定理については，これで打ち切っておこう。コーシーの積分定理の内容が深く問われる機会はめったにないし，どのみちその時は数式を憶えこまねばならないのだから。

コーシーの積分公式

さて，コーシーの積分定理の次はコーシーの積分公式である。この二つは名前は似ているが内容は異なり，後者の内容は，$f(z)$ を領域内部で正則な関数とするとき，つまり $f(z)$

第 8 章 複素関数・複素積分

自体は一周積分するとゼロになるのだが,これに関数 $\frac{1}{z-\alpha}$ (α は閉曲線の中のかってな点) をかけて一周積分すれば,この積分値はそのかってな点 α での f の値 $f(\alpha)$ に(係数 $\frac{1}{2\pi i}$ をつければ)等しくなってしまう,つまり

$$f(\alpha) = \frac{1}{2\pi i}\int_C \frac{f(z)}{z-\alpha}dz$$

という関係が成立するというものである。

 これも一見したところ奇妙な公式であるが,今まで述べてきたことを使ってイメージを描き出すことは十分可能である。そのためまずこの公式に使われているものを簡単なものに変えておこう。関数 $f(z)$ を定数関数 A とし,また $\alpha=0$ として, $\frac{1}{z-\alpha}$ を $\frac{1}{z}$ にしてしまう。さらに, α を原点にとったのだから,このさい積分路も原点を中心とする半径1の円にしてしまおう。

 A は別に実数とは限らない。それゆえ A は画びょうの上ではどの方向を向いていてもかまわない。ただし定数関数だから,画びょうをどこに刺してもその値は変わらない。一方 $\frac{1}{z}$ という関数には,画びょうの矢印の回転を相殺する作用があることは,以前述べた通りである。それゆえ二つをかけた関数 $\frac{A}{z}$ は,円周に沿って積分するなら,出発点で向いていた方向をずっと向き続けるだろう(次ページの図 8.22)。

153

図 8.22

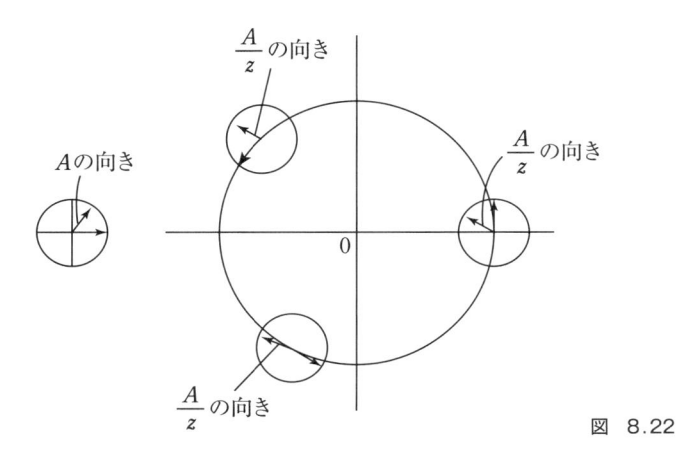

関数 $\dfrac{A}{z}$ がキャンセルしないことがこれでわかったので，$\int_C \dfrac{A}{z} dz$ の A は，もう定数と考えて積分の外に出してしまおう。そうなるとこの積分は $\dfrac{1}{z}$ についてだけ考えればよく，この積分値は $2\pi i$ だから，結局 $\int_C \dfrac{A}{z} dz$ の値は $2\pi i A$ である。一方公式の左辺の $f(\alpha)(=f(0))$ は，f が定数関数なので A である。結局最初の式にそれぞれを代入すれば

$$A = \dfrac{1}{2\pi i} \int_C \dfrac{A}{z} dz$$

が成立していることがわかる。

さてそれではこれを拡張していけば良い。まず $\dfrac{1}{z}$ を $\dfrac{1}{z-\alpha}$ に変えるのは，別に難しいことではない。積分路を，原点中

第8章　複素関数・複素積分

心の円から中心が α の円に変えてしまえば良い。この場合，α が中心の円にしたとき積分路の中で $\dfrac{1}{z-\alpha}$ が果たす役割が，原点中心の円で $\dfrac{1}{z}$ が果たす役割と完全に同じだからである。

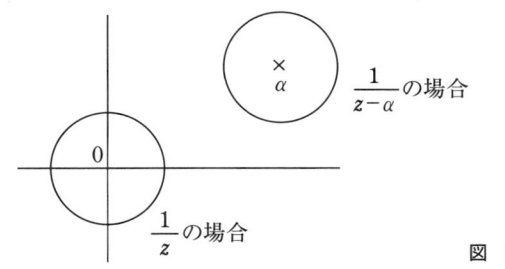

図 8.23

次に，関数が定数関数でない場合はどうなるかという問題であるが，この場合は円の半径をいくら小さくしても良いということを用いる。$f(z)$ はここで考えるような領域では正則，そして $\dfrac{1}{z-\alpha}$ は α 以外の点で正則だから，内部に α を含んでいる限り，いくら半径の小さい円で積分しても値は同じである。そこで円の中心を α とし，半径を非常に小さい数 h とする。関数 $\dfrac{1}{z-\alpha}$ の値は，z として $\alpha+h$ を代入するのと $\alpha-h$ を代入するのとでは天と地ほどに違ってしまうが，$f(z)$ にとっては，たかだか h 程度のずれはどうということはなく，値はほとんど変わらない，つまり $f(\alpha+h) \simeq f(\alpha-h)$ と考えて良い（次ページの図8.24）。

$$|h| \ll 1$$

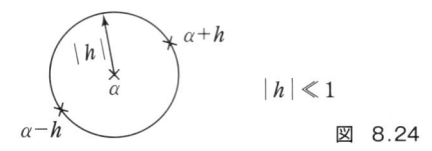

図 8.24

要するに円の半径を非常に小さくとった時は，この円の上で $f(z)$ はほとんど定数関数と考えて差しつかえない。以上より，正則である限り，定数関数でない $f(z)$ についても，この積分公式が成り立つということになる。

ローラン級数展開

さてそれでは話は最終段階に入ることになる。つまり「ローラン級数」についての説明である。

ローラン級数展開とは何かと言われたなら，非常に乱暴な言い方をすればそれはテイラー級数展開の拡張であると言える。しかし一体何のためにどう拡張するというのだろうか。例えば次のような問題を考える。

$$\frac{1}{(1+x)x}$$

を，$x=0$ のまわりでテイラー展開せよ，と言われたらどうなるだろう。ちょっとやってみればそれが無理であることがわかる。考えてみれば当たり前の話で，この関数は $x=0$ で無限大になってしまうのだから，展開した時に $x=0$ で無限大になる項が含まれていなければならない。テイラー展開ではそれは無理な注文である。しかしこの関数を

$$\frac{1}{x} \times \frac{1}{1+x}$$

第8章 複素関数・複素積分

としてやって，$\dfrac{1}{1+x}$ の方だけを $x=0$ でテイラー展開せよと言われたなら，これは何も問題はない。

$$\dfrac{1}{1+x} = 1 - x + x^2 - x^3 + \cdots$$

というふうにテイラー展開が可能である。では $\dfrac{1}{x}$ の方はどうすれば良いだろう。しかし考えてみれば，テイラー展開というのは関数を x^n の級数で展開することであって，$\dfrac{1}{x}$ も x^{-1} と書けば一応 x^n の仲間とみなせる。そこで単純にこれをもと通りにかけてしまおう。つまり

$$\dfrac{1}{x} \times \dfrac{1}{1+x} = \dfrac{1}{x}(1 - x + x^2 - x^3 + \cdots) = \dfrac{1}{x} - 1 + x - x^2 + \cdots$$

となって，$x=0$ の附近でもそれらしく展開できてしまう。これがローラン級数である，と言っては少々乱暴だが，まあそう思ってもほぼ差しつかえない。テイラー級数と異なるのは，x^n の n が負という項が出てくる点である。$\dfrac{1}{(1+x)x}$ という関数は，$x=0$ で無限大になる関数だからこの附近でテイラー展開できなかったが，この無限大を $\dfrac{1}{x}$ の項が引き受けてくれるから $x=0$ でもローラン展開なら可能なのである。

ローラン級数というのは，複素関数論以外の分野でお目にかかることはほとんどないと言って良いが，その理由も結局この点にある。テイラー展開を行うことの利点というのは，つまるところ x^n の高次の項を $x \ll 1$ ゆえに無視して，最初

の方の一つか二つの項だけを残せることにある。しかしローラン展開の場合，高次の x^n がゼロに近くなる時，x^{-n} が無限大に近くなってしまい，残したかった低次の x^n の項がほとんどかき消されてしまう。それゆえこの目的で展開しても，ほとんどうま味がないのである。

この点，複素関数論には特殊事情がある。すなわち $\dfrac{1}{x}$ という項だけが宝物のように重要だということである。この立場からすれば，複素関数論において関数の展開を考えるとき，どの項が小さくなって消えてくれるかということはむしろどうでも良いことで，$\dfrac{1}{x}$ の項を出せるかどうかが主眼になってくる。それゆえ複素関数論だけがローラン展開から利点を引き出すことができるのである。

複素関数論においては，テイラー展開にせよローラン展開にせよ，厳密には全て，前述したコーシーの積分公式を経由して行われる。しかしそれは本書では省略する。とにかくローラン展開においては，$1/z$ という項を出すことができさえすれば勝ちなのだ。

さてこのようにしてローラン展開を行ったとき，$1/z$ の項についている係数 a_{-1} が留数である。そしてこの留数をもっと手っとり早く求めることができないだろうかというのが，次の問題である。ここでもし $z=0$ のまわりのローラン展開が

$$f(z) = \frac{a_{-1}}{z} + a_0 + a_1 z + a_2 z^2 + \cdots$$

第8章 複素関数・複素積分

という形で与えられたとするなら（つまり $\dfrac{a_{-2}}{z^2}$ 以下の項が存在しない場合であるが）割合に簡単な方法がある。$f(z)$ 全体に z をかけてしまうのである。すなわち

$$z \cdot f(z) = a_{-1} + a_0 z + a_1 z^2 + a_2 z^3 + \cdots$$

となるわけで，ここで z をゼロとしてしまえば，$a_0 z$ 以上の項は全部消えてしまい，

$$\lim_{z \to 0} z f(z) = a_{-1}$$

となって，あっさり求まってしまうのである。この場合はこれで良いのだが，こううまくはいかない場合がある。例えば

$$f(z) = \frac{a_{-2}}{z^2} + \frac{a_{-1}}{z} + a_0 + a_1 z + a_2 z^2 + \cdots$$

のように，$1/z$ の前に項がある場合である。この場合，$f(z)$ に z をかけても，一番最初の項が a_{-2}/z という形で残るから $z \to 0$ で無限大になってしまう。かといって，z のかわりに z^2 をかけようものなら，かんじんの項が $a_{-1}z$ となって，今度は $z \to 0$ としたときこっちがゼロになってしまう。

しかしまだ手はつきたわけではない。こういう場合は次のような手を用いる。まず，とにかく $f(z)$ に z^2 をかけてしまう。つまり

$$z^2 f(z) = a_{-2} + a_{-1} z + a_0 z^2 + a_1 z^3 + \cdots$$

とする。このまま $z \to 0$ としたのでは何にもならない。しかし一つうまい手があって，それは全体を微分してしまうのである。こうすれば z^n の n がいっせいに一つ下がり，また定数はゼロとなる。すなわち

$$\frac{d}{dz}\left[z^2 f(z)\right] = a_{-1} + 2a_0 z + 3a_1 z^2 + \cdots$$

となるから、前と同じように $z \to 0$ とすれば、a_{-1} だけが残ってくれるわけである。

要するに関数によって方法を変えることが必要なのである。最初の場合のように、$f(z)$ の $z=0$ でのローラン展開が $\frac{a_{-1}}{z}$ から始まる場合、この関数 $f(z)$ は $z=0$ に「1位の極をもつ」と言う。二番目の場合のように $\frac{a_{-2}}{z^2}$ から始まる場合、この関数 $f(z)$ は $z=0$ に「2位の極をもつ」と言い、微分操作を交じえた方法を使って留数を求めねばならない。一般に、ローラン展開が $\frac{a_{-m}}{z^m}$ から始まる場合、それは「m位の極」をもつということになる。m がどこまでいってもきりがないとすれば、このとき $z=0$ は真性特異点であるという。

以上をまとめて一般化すると、$f(z)$ が $z=\alpha$ に特異点をもち、それが1位の極であるとき、留数は

$$a_{-1} = \lim_{z \to \alpha}\left[(z-\alpha)f(z)\right]$$

$z=\alpha$ に m 位の極をもつとき

$$a_{-1} = \frac{1}{(m-1)!} \lim_{z \to \alpha}\left[\frac{d^{m-1}(z-\alpha)^m f(z)}{dz^{m-1}}\right]$$

となる。これでやっと複素積分の話は一応完結である。

あらためてまとめてみると、実数積分を求める過程は、五段階に分けられる。まず第一段階として、関数 f が与えられたとき、それをローラン級数に展開する。第二段階、展開

第8章 複素関数・複素積分

したものを複素平面で一周積分すると，$\dfrac{a_{-1}}{z}$ 以外の項がゼロになってしまう。第三段階，留数 a_{-1} の値を求める。この段階で一周積分の値が求まる。第四段階，積分路を変形してその一部を実数直線に密着させる。そして第五段階として，実数直線以外のじゃまな積分を，不等式で評価するなどして消去してやる。こうして残ったものが求めたかった実数積分である。

なお，実際の計算で登場することが多いので，コーシーの主値について一言つけ加えておこう。これは実軸上に特異点がある場合の話で，この場合通常，積分路をそこだけまるくへこませてやる。

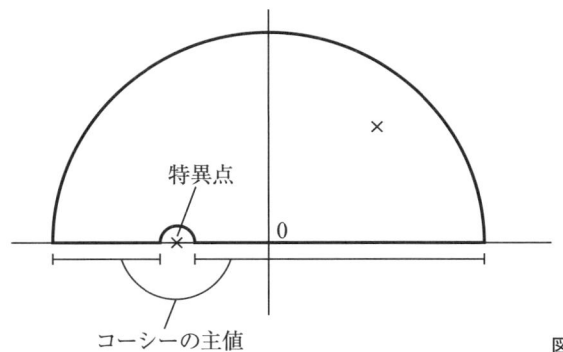

図 8.25

こうすると実軸上の積分区間は，とぎれて微小なすき間を生じてしまう。しかしこれはどうしようもないので，このとぎれた積分区間上での実数積分値をコーシーの主値といい，p.v. などの略号で表す。もちろんこの値は特異点の上のへこみの，小さな半円上の積分値は含まない。そこで計算にさい

しては，別にこの半円上の積分値を求めて差し引いてやらなければ，コーシーの主値は求まらない。

　結局のところ複素積分というのは，計算方法さえおぼえてしまえば良いのだが，内容がまるでわからなかったという恐怖心から拒絶反応を起こしてしまう人が結構多い。ここで述べたことが多少なりともそれを緩和することに役立つことを望む。

第 9 章
エントロピーと熱力学

「エントロピー」という言葉は，しばらく前に社会の中で一種の流行語にまでなった。そのためこの言葉が「乱雑さの度合い」を示すものだということは，今や誰でも知っている一般常識である。しかしそれにともなって，「エントロピー増大の法則」は，ややその適用限界を越えて一人歩きをしている感がある。

「エントロピー」＝「乱雑さ」という等式がこれほど社会に普及する一方，この概念が物理学の中に登場してきた経緯，そしてこの数学的表現が熱力学の中でもつ意味については，物理や化学の専門課程に学んだ人以外，ほとんど接する機会はない。要するにギャップがひどく大きいのである。

　このギャップの大きさに呆然とさせられるのは，まずそういった専門課程の学生ではあるまいかと思う。熱力学の講義の中で，このエントロピーの概念は数学の衣をまとって登場するのだが，その際，これが乱雑さを意味する概念だという予備知識をもっていたとしても，その知識は何一つ理解の助けにはならないのである。その上，このギャップをうめてくれる本がなかなか存在しない。実際，卒業までに一体何人が意味を本当に把握できていたのだろうか。私自身について言えば，これが乱雑さを意味するものだということがどうにも納得できず，結局式を丸おぼえしてうやむやにしてしまう以外，処置なしというのが実情であった。とにかく熱力学におけるエントロピーの数学的表現と「乱雑さ」というものが，どうにもうまくつながらないのである。

　しかしそれもそのはずであった。エントロピーの概念というのは，最初から乱雑さであると言い切るのは少々無理があるのである。確かにそう言って言えないことはないのだが，

それにはワンクッション置かねばならない。どうも私としては、エントロピーというのは乱雑さを意味するものであるというよりは、むしろ「平等さ、平凡さの度合い」を示すものであると言ったほうが、より概念に忠実なのではないかと思えるのである。

エントロピー増大の法則

熱力学におけるエントロピー増大の法則については、ひどく難しい書き方をしている教科書が多い。そのため、わからなくなった読者は、何か深遠な数学的メカニズムによって、宇宙の混乱が増すことが純数学的に証明されるのだと勘違いしてしまうことがしばしばあるようである。

しかし少なくとも熱力学の範囲内ではそんなことはない。例えばニュートン力学の場合、その基礎にはニュートンの運動の三法則がある。しかしこの三法則は、いわば力学における公理のようなものであって、別にこれら自身が何か純粋数学上の操作によって導かれたわけではない。これらは経験法則なのである。同じように、熱力学にもその基礎に熱力学の三法則があるが、これらもやはり経験法則に属する。この三法則のうち、第二法則にはクラウジウスの原理の別名があるが、これがエントロピー増大の法則に密接な関係をもっている。

第二法則の内容をざっくばらんに言ってしまえば、それは要するに、放っておけば、熱は高い方から低い方へ流れることはあっても、低い方から高い方へ流れることはないということである。これは経験法則として見た場合、ほとんど自明であろう。

一方，エントロピーであるが，これは熱力学では数学的に $\int \dfrac{\delta Q}{T}$ という表現がなされる（この意味については後で説明する）。δQ は熱量の変化，T は温度である。

　実のところこれだけの知識で，エントロピー増大の法則については，一応その基本的なところの解説ができるのである。いま，二つの熱源を考え，一方はもう一方より温度が高いとする。そしてここで，δQ カロリーの熱量が高い熱源から低い熱源へ流れていったとする。つまり高熱源の熱量の変化は $-\delta Q$，それを受け取った低熱源の熱量の変化は $+\delta Q$ である。

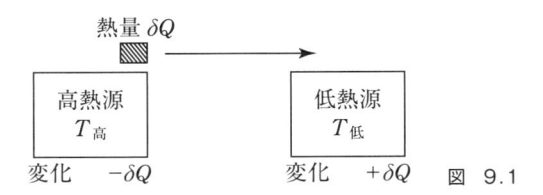

図 9.1

　さて，二つの熱源の温度をそれぞれ $T_高$，$T_低$ と書いたとき，この場合のエントロピー変化を計算してみよう。計算方法は，それぞれの熱源について熱量の変化を熱源の温度で割ったものを，合計してやる。つまり

$$\dfrac{-\delta Q}{T_高} + \dfrac{\delta Q}{T_低}$$

がエントロピーの変化を示す（本当なら，熱量の移動があれば熱源自身の温度が変わってきてしまうから，こう単純には書けないはずなのだが，δQ が非常に小さければその影響は

第 9 章　エントロピーと熱力学

無視できる)。

　この式を見れば、これは必ずゼロより大きくなければならないことがわかる。要するに同じ δQ を違う分母で割った差額が出てくるのだが、これがゼロより大きくなった理由は、つまるところ熱量 δQ が高い方から低い方へ移動するとしたからなのであって、これが負になるとすれば、それは熱が低い方から高い方へ流れていった場合しかあり得ない。そういうことがあってはならないというのが、経験法則たる熱力学第二法則の主張であった。つまりエントロピー増大の法則というのは、第二法則の数学的言い換えそのものであったわけである。

　今の場合、熱量は δQ が一方からもう一方へ移っただけだから、熱量の総和は前とあとで変わらない。一方その移動のしかたは、持てる者（高熱源）から持たざる者（低熱源）への移動であり、変化の後では熱の配分において平等さが増しているのである。δQ を熱量でなく何か別のものに置き換えても、平等さが増す過程がエントロピーの増大をもたらすことは明らかである。

　エントロピーの数学的記述法にはこの他にもう一つ、log を用いるやり方がある。これは統計力学や情報理論で用いられるものであるが、これについても似たようなことが言える。いま、二つの量 A, B があったとして、最初この二つは A_0, B_0 という状態にあり、そしてこれが A_1, B_1 という状態に変化したとしよう。ただしこのとき、$A_0 + B_0 = A_1 + B_1$ という具合に、A と B の総和は一定であるものとする。

　最初の状態のエントロピーは、この方法では $\log A_0 + \log B_0$ と計算される。同様に、変化後の状態では $\log A_1 + \log B_1$ で

ある。これらは対数関数の基本的な性質によって
$$\log A_0 + \log B_0 = \log A_0 B_0$$
$$\log A_1 + \log B_1 = \log A_1 B_1$$
という書き換えがきく。こうすれば，変化の前とあとでのエントロピーの大小の比較は，$\log A_0 B_0$ と $\log A_1 B_1$ の比較になるわけだが，$\log x$ は単調増加，つまり x が大きいほど $\log x$ の値は大きくなるため，この比較は結局 $A_0 B_0$ と $A_1 B_1$ の大小比較に帰着できることになる。

こうしてみるとこの問題は，長さが一定のロープで，なるたけ面積の大きい長方形を囲う問題と同じことである。A，B をそれぞれ長方形の一辺の長さとすれば，$A+B$ が常に一定と規定されており，AB はその面積を示すからである。この場合の面積は，$A=B$ の正方形にしたとき最大になることは，誰でも知っている。このようにエントロピーを $\log$ で記述した場合も，A と B の合計が一定に定められているときの A と B の大小関係における平等さを示す値と考えることができる。

熱力学におけるエントロピー

情報理論などにおいては，エントロピーは明らかに平均化を示すものとして導入されているが（それについては後で述べる），熱力学の場合は，この概念は別の理由によって考え出されたものである。もともとこれは熱機関とその仕事について調べる過程で物理学の中に登場してきたものであって，この時点では，乱雑さも平均化もこの概念とは大して関係はなかったと言える。

熱機関とは要するに，シリンダーの中に気体がつまってい

て，その圧力がピストンを押すことで仕事をするもののことである。もっとも，熱力学の中で考えられるようなエンジン，サイクルというものは，シリンダーの中の空気を暖めてゆっくり膨張させて仕事をさせるといったようなもので，とても実生活の役には立ちそうにない代物であるが，のろまであっても一応ちゃんと仕事はできる。

サイクルが行う仕事は，一般に外から熱量をもらうことでまかなわれる。高校の物理では，1カロリーの熱量は4.2Jの仕事に相当すると教えられた。このことだけ考えると，サイクルがある熱量をもらえば，必ずそれに比例した仕事ができるように思える。ところがそう簡単にはいかないのであって，現実ははるかにやっかいである。

サイクルのやっかいさ

サイクルの言葉がもともと循環を意味することは言うまでもない。つまり一回熱をもらって仕事をしたらそれっきりというものではなく，何回でも全く同じ行程を繰り返せるからサイクルというのである。

日常用いられる実用的なサイクルにおいては，熱せられたガスがピストンをいっぱいまで押した後，シリンダーのバルブを開いて，すでに役目を終えた高温のガスを外に排出してからピストンをもとに戻す。ところが物理学で考えるサイクルではこういう手は使わず，役目を終えた高温のガスをシリンダーの中につめたままで，もとに戻す過程を行う。

非実用性という点では今一歩前進で，こういうサイクルでは，ガスがピストンを押して仕事をするのは良いが，逆にピストンを押してもとの位置に戻すさいに，外から仕事を加え

てやらねばならない。このときもし、ガスが膨張するとき行う仕事とピストンを戻すとき外から加える仕事が同じだったりしたなら、このサイクルは結局差し引きゼロで何も仕事をしない。

また、気体に熱量を加えて温度を上げたとき、日常の実用的なサイクルでは、その熱量を気体もろとも排出できてしまうが、物理学のエンジンではそれができないため、熱を排出する過程はそう単純ではない。熱力学ではこういった点はどういう処理がなされ、またサイクルは仕事をすることとエネルギー保存則をどううまく組み合わせているのだろうか。

断熱過程の効用

高校のとき、こういう実験を行ったことはないだろうか。フラスコか何かにせんをして、それに注射器をとりつける。この注射器のピストンをぐいと引いてフラスコの中の気圧を下げると、フラスコの中に霧が発生してくもってしまう。これは断熱膨張によってフラスコ内部の温度が下がったためである。これとは逆に、ガソリンエンジンなどでは、シリンダー内部の混合ガスの温度を発火点まで上げるため、ピストンで圧縮することによってこれを行っている。これは断熱圧縮による温度上昇の例である。

要するに外部からの熱の出入りを全く断たれていても、ただ圧縮したり膨張させたりするだけで、気体自身の温度を上げたり下げたりできるわけである。このことは、われわれにとって絶大な応用価値をもっている。その理由を知るには、温度と熱量の基本概念に戻って考える必要があるだろう。

そもそも温度が高いとはどういう状態を意味するのであっ

たかといえば、それは気体分子の平均速度が高く、運動エネルギーが大きい状態のことである。そしてわれわれは断熱圧縮によって、気体の温度を2倍、3倍にできる、つまり気体分子の運動エネルギーを2倍、3倍にできる（これはピストンを押しこむときなされた仕事が気体分子に伝わったからである）。

また、断熱膨張を用いれば、気体の温度および運動エネルギーを1/2, 1/3にすることができる。断熱圧縮、断熱膨張いずれの場合も、ピストンをもとの位置に戻せば温度はもとに戻り、熱の出入りがないので、仕事は往復で差し引きゼロである。

温度についてはこれで良いとして、熱量とはどんなものであったかと言えば、1 calの熱量とは、1 gの水の温度を1 K上げることができるものであった。つまり、考えてみると面白いことだが、熱量とは足し算の体系で扱われる量なのである。

要するにある気体がある量だけあって、比熱が1 gの水のそれと同じであったとする。この気体の温度が100 Kであった場合、これに1 calの熱量を与えれば101 Kになる。これは気体分子の運動エネルギーが1.01倍になったことを意味する。ところが気体の温度が200 Kであった場合、1 calの熱量を与えれば201 Kになるが、この場合運動エネルギーは1.005倍にしかならない。

断熱過程を使って温度を変化させるときは、2倍、3倍というふうに、かけ算による変化だった。しかし熱量を加えて温度を変化させるときは、足し算による変化なのである。われわれが使えるのはこの点であり、これをうまく使うことに

よって，サイクルは一行程の中でちゃんと仕事をすることができる。

次のようなサイクルを考えよう。最初の気体の温度が100Kで，比熱が1gの水と同じだとする。この状態で1calの熱量を加えると，温度は101Kになる。つまりこの熱量は，気体分子の運動エネルギーを1.01倍にするのに使われたわけである。

次に断熱膨張を使って気体の温度を1/10にする。こうすると温度は10.1Kになる。

そして今度は0.1calの熱量を外に排出する。すると温度は10Kになる。次に逆の断熱過程を使って温度を10倍にすれば，気体はもとの100Kに戻る。これを図に書けば下のようになる。

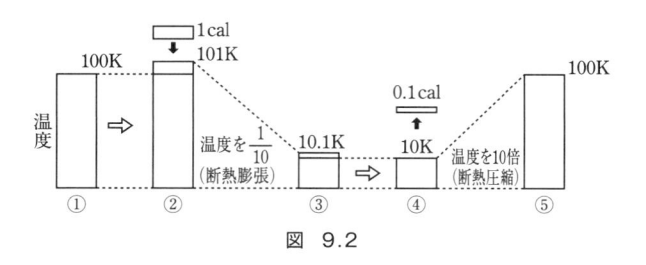

図 9.2

結局1calの熱量を吸収して0.1calを排出すればもとに戻ってしまうわけで，こんな奇妙なことができるのは，もらった熱量による温度の増分についても，断熱過程による縮小，拡大が効くからである。しかしともかく，これであればエネルギー保存則をこわさずに0.9cal分を仕事にできることにな

る。今の場合，仕事は主としてピストンを動かす過程，つまり温度の拡大，縮小の過程で行われているのだが，膨張で温度を1/10にするとき外にする仕事が，圧縮で温度を10倍にするとき外からなされる仕事を上回っているため，差額を作ることができるのである。

一般に，外からQ calの熱をもらったとき，そのうちのどれだけを仕事に変えられるかは，今見たように温度の拡大，縮小の比率に依存する。この場合の100Kの温度をT_2，10KをT_1とすれば，捨てられる熱量は$Q \cdot \dfrac{T_1}{T_2}$であり，もとのQとの差額は

$$Q\left(1 - \frac{T_1}{T_2}\right) = Q \cdot \frac{T_2 - T_1}{T_2}$$

になる。この$\dfrac{T_2 - T_1}{T_2}$をηで表し，熱機関の効率という。熱量Qにこのηをかけたものが，仕事に変わりうるわけである。

エントロピー概念の導入

こんなことができるのは，何度も言うようだが断熱過程による温度変化がかけ算による変化であるのに，熱量の出入りによる温度変化が足し算による変化だからである。しかしそうなってくると，このかけ算と足し算の橋渡しをする数学上のテクニックが欲しくなってくる。実際，そうしないと多少の面倒が生じることがある。

例えば，ただ単に温度が100Kから105Kに上昇したといっても，それが断熱過程を用いた温度の拡大によるものか，

それともピストンを固定したまま外から熱量が入ってきたからそうなったのか，あるいは少し熱が入って残りは断熱過程によるものなのかはっきりしない。仕事がなされるかどうかは熱量の出入りに依存するため，これらが区別できないのは少々不便なのである。

　しかしそれを確かめるのは，別に難しいことではない。ピストンの位置を一つ決めて，全部その位置に一旦断熱過程でもっていって比較測定すれば良い。こうすれば，断熱過程の影響を白紙状態に戻せるからである。しかしここでは，もう一つの方法である，出入りした熱量に注目するやり方をとることにする。

　このやり方をとった場合，まず第一にわかることは，熱量の流入がゼロであるにもかかわらず温度が上昇していたなら，それは断熱過程による温度の拡大であるということである。そしてもう一つ明らかなことは，たとえ同じ熱量を吸収するのであっても，ピストンのどの位置で吸収したのかによって結果が違ってきてしまうため，ただ熱量の値を知るだけでは十分でないということである。

　以前言ったことを繰り返すようだが，例えば温度を2倍に拡大する断熱過程で100Kから200Kに温度を上げるとき，1 calの熱量を加えて101 Kにしてから2倍にすれば202 Kになるが，温度を200 Kに拡大してから同量の熱量を加えても201 Kにしかならない。

　これとは逆に，加える熱量の値が違っていても，ピストンを同じ位置にもっていったとき同じ温度を示す場合がある。100 Kで1 cal，200 Kで2 cal，150 Kで1.5 calの熱量を加えたものは，いずれもそのようなものである。

第 9 章 エントロピーと熱力学

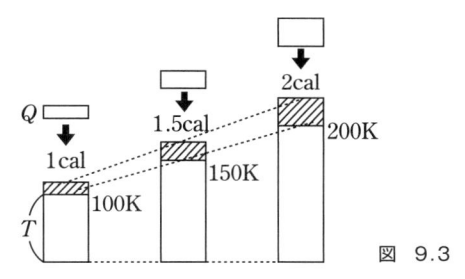

図 9.3

　これら三つは、温度 T と吸収した熱量 Q での Q/T の値がいずれも等しい。つまり Q/T をエントロピーと呼んでやれば、これらは熱量を加えることによって 1/100（cal/K）だけのエントロピー変化を生じたのである。

　言うまでもなく、断熱過程による拡大縮小では、いくら温度が変化しても（$Q=0$ だから）エントロピーは全く変化しない。このように、Q/T という量はエントロピーを用いることで、温度変化のどれだけの部分が熱量の出入りによるもので、どれだけが温度の拡大、縮小によるものかを示すことができる。意外に他愛なくて拍子抜けした読者もあるかもしれないが、もともとエントロピーの概念とはこういうものだったのである。

　非常に荒っぽい言い方をすれば、エントロピーとはつまるところ、熱量を足したり引いたりしたとき、それが全体の温度を何倍にしたのかを示す指標であると言える。なお、エントロピーの単位は先程は cal/K にしたが、熱量の単位をジュールにとる場合は J/K になる。また、エントロピーというのは本質的に熱量の変化をかけ算に換算したものである以上、二つの状態でエントロピーがどれだけ違うかを示すことはできても、ただ漠然とある状態を与えられて、このエント

ロピーの値はいくらかと聞かれても,それには答えることはできない(この点,ポテンシャル・エネルギーの概念に似ている)。

熱量の吸収を何度かに分けた場合,おのおのの時点での熱量変化量と温度を δQ_i, T_i とすれば,エントロピー変化の合計は $\sum_i \dfrac{\delta Q_i}{T_i}$ で表される。連続的に行われた場合は $\int \dfrac{\delta Q}{T}$ と書かれることになる。

実は今までの話で,少々いんちきをしている。以前にも述べたが,吸収する熱量 δQ は非常に小さくなければ,熱量を加えている途中で温度が変化してしまう。それゆえ,100 K から 101 K にしたときのエントロピー増加が 0.01 などとしては本当はいけないのであって,この場合も T は刻々変化するとして $\int \dfrac{\delta Q}{T}$ から計算しなければならず,その値は 0.01 より小さくなる。それゆえ,先程言った,エントロピーとは熱量の変化が全体の温度を何倍にするかを示すものだということも,熱量 δQ が非常に小さい場合にしか言えない。もっとも,別にこのことによって話の本筋が打撃を受けることはない。ただ計算が少し面倒になるだけである。

とにかくエントロピーの概念とは,このように足し算で加算される熱量を,温度すなわち粒子の運動エネルギーの上での比率に換算するものである。どちらも重要な概念である以上,その橋渡しをするエントロピーもまた,熱力学の体系の中で重要な関数ないし変数になったとしても当然である。

エントロピーの概念が log と密接な関係をもっているのも,結局それが足し算とかけ算の橋渡しという性格をもって

いるからである。それゆえエントロピーの意味として一般に信じられているもの——それを乱雑さというか平等さと言うかはさておき——というのは，もともと付随的な属性であったというべきである。要するに和が一定のものを分配するとき，それを比率などの積の体系に換算すれば，平等に分配されたとき値がたまたま最大になったわけで，さらにこれが「熱は高い方から低い方へ流れる」という経験法則と結びついたとき，この量は増大を続けるという結論が出てきたというわけである。

カルノー・サイクルについて

熱力学にはカルノー・サイクルという仮想的なサイクルが登場するが，これについて少し述べておこう。カルノー・サイクルの最大の特徴は，等温過程をその基本に採用していることである。等温過程とは，熱の出入りとピストンの動きをうまく合わせて気体の温度を一定に保ったままで膨張，圧縮を行うことである。

この場合，温度 T がずっと一定でいてくれるのだから，計算をするときの楽さ加減は他と比較にならない。そこでこれを応用したのがカルノー・サイクルである。実用性という点ではさらに一歩後退だが，思考実験の中では応用価値が高い。

もちろん，先程からさかんに使っている断熱過程と組み合わせて使うわけであるが，とにかく熱量を出し入れする際には，全部この等温過程で行うのである。具体的に言うと，低熱源 T_1 と高熱源 T_2 を用意し，まず気体の温度を高熱源 T_2 に合わせる（断熱過程で調整する）。そして気体の温度を T_2

に保ったままで熱を吸収していく。

次に断熱過程による温度縮小で、気体の温度を低熱源 T_1 に合わせる。そして同様に温度を T_1 に保って熱を排出していく。再び温度拡大を行えば、一行程完了である。

このカルノー・サイクルはいくつかの特徴をもつが、その中で最大のものは、これが可逆過程であるということである。普通のサイクルは、高い熱源から熱をもらい、低い熱源に熱を渡して一行程を終え、その差額分だけの仕事を外に対して行う。

可逆過程とはどういうものかといえば、その全く逆の過程を行うことのできるサイクルのことである。つまり外から逆にサイクルに対して仕事を行ってやれば、サイクルは低熱源から熱をもらい、高熱源に熱を渡して、一切合切もとの状態に戻してしまうことができるというのである。

しかしこれは、熱を低い方から高い方に移動していることになる。熱力学第二法則と矛盾はしていないのだろうか、というより、だいたいどうしてそんなことができるのだろう。

実は、等温過程というもののもう一つの効用がここにあるのである。先程「等温過程では気体の温度を熱源と同じに保って熱の出し入れをする」という記述をした。しかしこれは正確な言い方ではない。なぜならば、熱が流れていくには温度差が必要なのであって、シリンダー内の気体と熱源の温度が同じであっては、熱はどちらにも流れていかないのである。

それではカルノー・サイクルなどというものは原理的に不可能な絵空事なのだろうか。そういうわけではない。実際のメカニズムは次のようなものである。高熱源から熱をもらう

場合，最初気体と熱源の温度は同じだが，ここでほんの少しピストンを引いて，気体の温度をわずかに下げてやる。こうすればごくわずかであるが温度差が生じ，熱は高熱源からゆっくり流れてきてくれる。

そのまま放っておけば，熱が流れてきたことで気体の温度は上昇を始め，高熱源と同じ温度になった時点で熱の流入は止まる。そうしたらまたちょっとピストンを引いて，同じことを繰り返すのである。

ピストンの引き方を細かく無限小にすれば，この場合気体の温度はほとんど一定とみなすことができる。逆に低熱源に熱を渡す場合，ピストンをちょっと押して温度を低熱源のそれよりわずかに上げて温度差を作り，熱が低熱源に流れていって気体の温度が同じところまで下がったら，またちょっとピストンを押してやる。

何ともはや気の長い話ではあるが，ともかくこれを連続的に見れば一応ほとんど同じ温度を保ったままで熱の出し入れができるわけである。そして，逆運転ができる理由もここにある。

要するに，温度がちょうどぎりぎりの境界線上に置かれているため，高熱源のところでは，ほんのわずかにピストンを引くとその温度は　高熱源＞気体　となり，逆にわずかにピストンを押せば　高熱源＜気体　となる。同様に低熱源ではピストンを押せば　低熱源＜気体，引けば　低熱源＞気体　となる。

このように，等温過程では熱を，熱源から気体，気体から熱源のどちらの向きに流すこともできる。そして熱の出し入れさえ行ってしまえば，気体の温度は断熱過程を用いた拡

大，縮小でいくらでも調整でき，二つの熱源のどちらが温度が高いかということは，全然関係なくなってしまうのである。

カルノー・サイクルのもう一つの特徴は，その効率が最大になるという点である。カルノー・サイクルの働きを前のような図にしてみると，次のようになる。

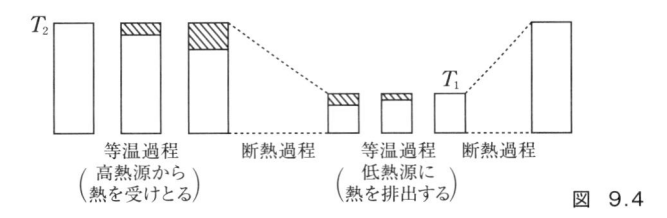

図 9.4

斜線部分が，吸収した熱によって支えられている温度である。一般に，熱を受けとるには気体の温度全体が高熱源の温度 T_2 より低くなければならず，低熱源に排出するには低熱源の温度 T_1 より高くなければならない。

カルノー・サイクルはそのぎりぎりをやっているわけだが，そうでない一般のサイクルの場合は下の図のようになる。これは，熱の出入りに際してカルノー・サイクルのような配慮をせずにやった場合である。要するに熱をもらう時も排出するときも，熱源の温度との間にかなりの落差をつけてある。

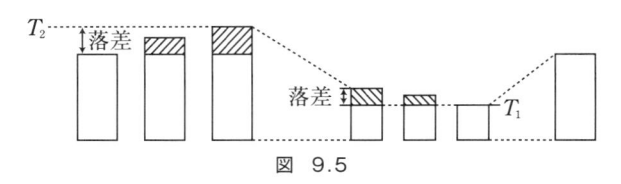

図 9.5

第 ⑨ 章　エントロピーと熱力学

　この落差のおかげで熱の出し入れは迅速にできるが，カルノー・サイクルと比較すると，もらった熱量の縮小の比率が違うことは，図を見ただけでも一目瞭然である。この比率がサイクルの効率を意味するため，カルノー・サイクルの効率は最も高いのである。

　等温過程に際してのエントロピーの変化を見ておこう。もし熱源が δQ の熱を失い，サイクルがそれを受けとった場合，両方とも温度 T はほとんど同じとみなして良いので，$\dfrac{-\delta Q}{T} + \dfrac{\delta Q}{T} = 0$ であり，全行程を通じてこれは変わらない。

　カルノー・サイクルにおいては，熱の出入りは全て等温過程で行われているため，結局エントロピーは変化しない。これがもし，等温過程でなく熱源と気体の温度に落差があった場合，分母の T が同じでないのでこうはならない。

　カルノー・サイクルの数学的性質は $\oint \dfrac{\delta Q}{T} = 0$ と書けるが，今のことはこれにやや関連をもっている。$\oint \dfrac{\delta Q}{T}$ とは，もう少し詳しく言うと，T を熱源の温度，δQ をその熱源からサイクルに入ってきた熱量としたとき，高熱源から熱が入ってきたときの $\dfrac{\delta Q}{T}$ と，低熱源に出ていくときの $\dfrac{\delta Q}{T}$（この場合 δQ は負）の合計のことであり，カルノー・サイクルではこの合計がゼロになる。カルノー・サイクル以外の不可逆過程では $\oint \dfrac{\delta Q}{T} < 0$ であり，これらをひっくるめた $\oint \dfrac{\delta Q}{T} \leq 0$ はクラウジウスの不等式と呼ばれている。

カルノー・サイクルの場合，このことは今まで述べてきたことから割合難なく理解でき，要するに高熱源 T_2 から Q_2 だけの熱量をもらったとき，それは断熱過程で Q_1 まで縮小されるが，この際 $\dfrac{Q_2}{T_2}=\dfrac{Q_1}{T_1}$ を満たすような縮小がなされ（T_1 は低熱源の温度）その Q_1 が排出されるから，Q_1 は負となって

$$\frac{Q_2}{T_2}+\frac{Q_1}{T_1}=0$$

になる。

　ではそうでないサイクルの場合どうなるかと言えば，簡単のため低熱源に排出する場合のみを考えると，不可逆のサイクルでは普通，低熱源の温度との間に落差が設けられており，排出のさいの気体の温度は T_1 より高い。つまりカルノー・サイクルのときとでは熱量の縮小率が違うのである。

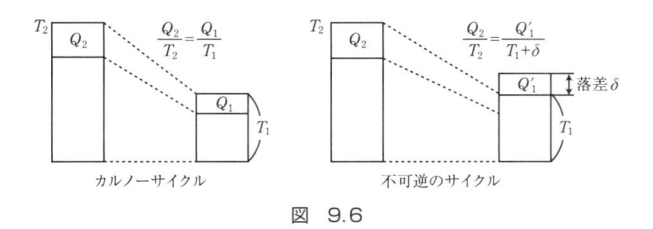

図 9.6

　こうして不可逆のサイクルが排出する熱量を Q'_1 とすれば

$$\frac{Q_2}{T_2}+\frac{Q'_1}{T_1}<0$$

第 9 章　エントロピーと熱力学

になるのは当然だろう。高熱源から熱をもらう場合も同じようなことが言えるため、全体として

$$\oint \frac{\delta Q}{T} < 0$$

が成立する。

エントロピーの数学的性質

さて普通の教科書では、エントロピーの話をするときには圧力 p と体積 V のグラフを用いて行われているが、今までそういうやり方をしないで来てしまった。このままでは読者はギャップを感じてしまうことと思うので、それについて少し述べておこう。それゆえこの部分は教科書とつき合わせて読むと良いだろう。

p と V のグラフが良く使われる理由は、これを使えばサイクルが行った仕事がグラフの上に示されるからである（そのかわり、熱量を示しづらいデメリットがある）。

一般に、仕事というものは力と移動距離の積で表されるが、話をシリンダーとピストンの場合に限定すれば、p と V がそれぞれ力および移動距離を示すと考えて良い。実際もしシリンダーの断面積が単位面積に等しければ、圧力はピストンを押す力そのものに等しくなる。そしてまた、ピストンを動かしたために増えたシリンダー内の体積は、ピストンの移動距離と同じ値をとる。したがってこの場合、体積が dV だけ増えたときなされる仕事は pdV で示され、それは次のページの図9.7の斜線部分になる。

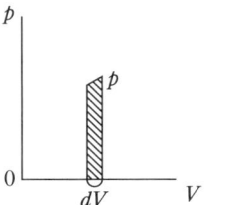

図 9.7

ここでもう一つ重要な概念に，内部エネルギー U がある。これは気体の分子1個1個がもつ運動エネルギー全部の合計を意味する概念であるが，分子のモル数が一定の場合，これは結局温度 T に比例する。

高校の熱力学でも習う熱力学の基本法則の式とは，$pV=RT$ であった。これを用いれば温度 T は p と V で表現できるのだから，温度 T に比例する内部エネルギー U も結局 p と V で表現できる。つまり仕事と内部エネルギーは，両方ともこの p と V のグラフの上に表現できるのである。

しかし熱量 Q はそうはいかず，間接的な方法によらなければならない。それには熱力学第一法則が必要である。つまり，内部エネルギー U はただで増えるわけにはいかないし，仕事もただではできない。もしそれらの増分があった場合，ともにその支払いは熱量 Q を吸収することでまかなわれなければならない。式にすれば

$$dU + pdV = \delta Q$$

であり，これが通常，熱力学第一法則と呼ばれるもので，これは結局エネルギー保存則のことであり，Q はこれを経由して求められる。

さて，以上は次の話のための下準備であった。p と V のグラフの中の任意の二つの点 A，B を選び，ピストンの操

第 9 章　エントロピーと熱力学

作と熱の出し入れによって A 点の状態から B 点の状態に移動させたとき，エントロピー変化 $\int \frac{\delta Q}{T}$ が生じる（ただし A から B への移行が断熱過程を意味する場合，この値はゼロである）。ところがこの値 $\int \frac{\delta Q}{T}$ は，経路 α を選んでも経路 β を選んでも変わらない。

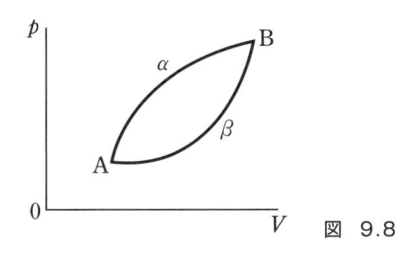

図 9.8

これは熱力学におけるエントロピーの重要な数学的性質の一つであり，一般に $\frac{\delta Q}{T}$ を dS と書くと，$\int dS$ が積分路によらず始点と終点だけで決まってしまう（これを数学の言葉で言い換えると，p と V を変数としたとき，dS は全微分であるという）。そこで，なぜこうなるかについて一言述べておこう。

経路 α と β で $\int \frac{\delta Q}{T}$ が等しいことを示すには，$\int_{\alpha} \frac{\delta Q}{T} - \int_{\beta} \frac{\delta Q}{T}$ がゼロであることを示せば十分である。この δQ が第一法則によって $\delta Q = dU + p dV$ と書かれることは先程述べた通りなので，これを代入すれば

$$\int_\alpha \frac{dU+pdV}{T} - \int_\beta \frac{dU+pdV}{T}$$
$$= \left[\left\{ \int_\alpha \frac{dU}{T} - \int_\beta \frac{dU}{T} \right\} + \left\{ \int_\alpha \frac{pdV}{T} - \int_\beta \frac{pdV}{T} \right\} \right]$$

　ここで，内部エネルギー U は温度 T に比例している。それゆえ $U=\gamma T$ と書けば，$dU=\gamma dT$ であり，積分の dU の部分は

$$\gamma \left[\int_\alpha \frac{dT}{T} - \int_\beta \frac{dT}{T} \right]$$

であるが，経路 α，β は始点と終点では一致しているので，これらの点ではそれぞれの T の値は等しい。それゆえこの値はゼロになってしまう。

　一方 pdV の部分は，$pV=RT$ の関係式から $p=\dfrac{RT}{V}$ であり，これを代入すると

$$R \left[\int_\alpha \frac{dV}{V} - \int_\beta \frac{dV}{V} \right]$$

であり，やはり同じ理由でゼロになる。

　式で説明すれば以上の通りだが，こうなった理由は，主として $pV=RT$ から $T=\dfrac{p}{R}V$ と書けることにある。特に後半の pdV の部分について言えば，p と V のグラフで V を固定して二つの経路で $\dfrac{p}{T}$ を比較すれば，これは p がどこにあっても値が同じになる。

$p_1 : p_2 = T_1 : T_2$　　図 9.9

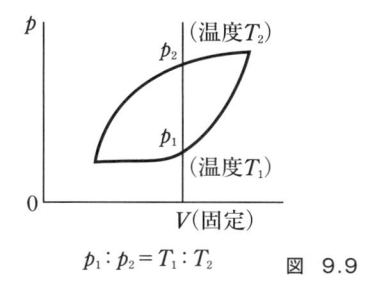

情報理論とエントロピー

エントロピーの概念は,熱力学だけではなく情報理論の中にも登場する。そして,エントロピーの概念が乱雑さを示すというより平等さを示すものであるというのは,情報理論において,もっとよく当てはまる。情報理論においては,エントロピーは「情報量」を示すものとして扱われる。では情報量とは具体的にどういうことを意味しているのだろうか。それには次のようなやや極端なシチュエーションを考えると最もわかり易い。

いま,ある国があって,敵対する国とまさに戦端を開こうとしている。しかし背後にある二つの中立国の今後の動向がよくわからず,それらの出方によっては現在の配備に変更を加えなければならないのである。

そこでこの国の指導部は,スパイ小説よろしくその A,B 二つの中立国に情報部員を送りこむ。その一方で,指導部は両国がとるであろう戦略を机上で予想する作業に着手する。その結果は次のようになったとする。

両国がとるであろう戦略は,それぞれに二つにまで絞りこむことができた。そしてそれぞれについてあらゆる観点から

検討して，採用される確率を求めた結果は次のようになったとする（もっとも現実にはそんなものが求まったためしがないのだが）。

すなわち，A国は戦略 α_1, α_2 の二つのうちいずれかをとるであろうが，戦略 α_1 をとる確率は3/4, α_2 をとる確率は1/4である。一方B国の戦略 β_1, β_2 については，β_1, β_2 ともに確率は1/2, つまりどちらが採用されるかは五分五分だったとする。

実際のところ最終的にどちらが採用されるかについては，両国に潜入した情報部員の報告を待つしかないのだが，ここでわれわれが問題にしたいのは，この二人の情報部員のうちのいずれか一方が生還しなかったとするならば，どちらが帰らない方が，より困ったことになるかである。

もしB国に潜入した情報部員が情報をうまく持ち帰り，A国に関する情報がもたらされなかったとしたらどうだろうか。指導部にとっては，本来両方の情報がなければ必勝を期し得ない。しかし開戦期日ぎりぎりになってもA国に関する情報が入らない場合，とにかくそれ抜きでやるしかない。そして予想される二つの戦略 α_1, α_2 の確率を比較すると，α_1 は3/4, α_2 が1/4であり，α_1 である確率が3倍高い。それゆえどうしてもというのであれば，A国は戦略 α_1 をとるものとして開戦の決定を行うことは可能である。

ところがこれとは逆に，A国の情報は得ることに成功したが，B国についての情報が入らなかった場合，事態ははるかに困ったことになる。なぜならB国が戦略 β_1 をとるか β_2 をとるかは，確率が1/2である以上，机上で予想しようとすればサイコロでも振るしかない。そのため情報部員からの情

第9章　エントロピーと熱力学

報を入手することに失敗した指導部は、ジレンマに陥って最後まで決定を下せないのである。

実際、採用される見込みが五分五分の二つのプランを実行可能なように準備して、相手をジレンマに陥れることは兵学のかなり基本的な部分に位置する原則である。

この場合、どちらの情報部員がもってくる情報が貴重かといえば、それはB国からの情報だろう。つまりB国からの情報部員の方が情報量の大きい情報を運んでいると考えて差しつかえない。これはその内容自体がセンセーショナルか平凡かということとは無関係で、ただ確率の均等性が高いからそうなったのである。

このように、情報量が大きいということは、確率の均等さの度合いが高いことと同等である。このために情報理論においては、情報量を示すものとしてエントロピーが用いられる。今の場合だと、戦略 α_1 が採用される確率が P_{α_1}、α_2 が P_{α_2} だとすると、A国からの情報部員がもつ情報量は

$$-\sum_{i=1}^{2} P_{\alpha_i} \log_2 P_{\alpha_i}$$

で表される。この中で $\sum \log_2 P_{\alpha_i}$ の部分が確率の均等さを示す。その他のこと、つまりマイナスの符号がついていること、logの底が2であること、さらにlogの前に P_{α_i} がかかっていることまで含めて、これらは数学的にきれいな形にするためになされたことで、数学的な本質は、やはり確率がどれだけ平均化されているかを示すことにある。

統計力学におけるエントロピー

熱力学においては、熱量 Q というものを何か実体のある

物質のようなものと考えて，それが移動していくという考え方を基本的にとっている。いってみれば，すでにその存在が否定されている熱素（カロリウム）の概念がいまだに徘徊しているようなものである。

　これは，エネルギー保存則がそういう考えの便宜的な存在意義を保証しているからだが，実際はむろんそんなものは存在せず，熱量が加えられるというのは，運動する分子の平均速度が増していることを示すのであって，熱量そのものは物理的な実体ではない。

　それゆえ統計力学においては現実の世界に一歩近づけ，熱力学で仮定していたこういう概念を廃して，これらを多数の粒子の間の純力学的現象としてとらえていく立場をとる。

　つまりこの場合温度 T は分子の平均運動エネルギーの値，体積 V は分子が存在を許される領域の広さ，圧力 p は分子の平均運動量×密度（単位面積当たりの分子の個数）という対応がつけられる。ただし熱量 Q を考えないのだから，エントロピーが何に相当するのかは少々難しくなる。

　エントロピーを考えるのが難しくなるというデメリットはあるものの，こういう考えをとることの意義は極めて大きい。これによって得られる大きな成果の一つは，熱の拡散を確率の考えを用いて説明できることである。

　いま，空間の中に仕切りを入れて，一方に速度の大きい分子を，もう一方に速度の小さい分子をたくさんつめて仕切りを外すと，両方の分子は混じりあって，二つの領域で分子の速度（つまり温度）は平均化される。

　もっと一般的には次のように考えても良い。仕切りをした容器に黒い球と白い球を同じようにしてつめ，仕切りを外し

て容器ごとじゃらじゃら動かせば、やがて混じり合って平均化される。しかし一旦混ざってしまったら、もうその後いくらじゃらじゃら動かしても、めったなことではもとの状態に戻ってはくれないのである。

これは分子や球の性質によるものではなく、もっぱら確率のなせるわざである。例えばポーカーにおいては、ローヤルストレートフラッシュが出る確率は非常に小さいし、何でもない手——俗に言う「ぶた」——が出る確率は非常に高い。だからこそ手の強さに格差をつけてあるのだが、これは別にカードという物体がもつ物理的性質によるものではない。

そもそもポーカーなどのゲームは、カードの上に描いてある模様を人間が勝手に解釈することによって成り立っているのであって、狭い意味での物理的世界の出来事ではない。カードの上の模様などというむだなものを無視することから物理が始まるからである。

「ぶた」が出る確率が高いわけは、結局のところプレーヤーが「ぶた」とみなす手の数が多いという理由によっている。それゆえ、「ぶた」の中でもある特定の組み合わせ、例えば5枚のカードの番号が2、5、6、8、10で、マークは4つがハートで1つがクラブ、などという指定をすれば、この手が出る確率はローヤルストレートフラッシュなみに小さい。しかしプレーヤーたちはこんな手が特殊なものとは認めずに、他のたくさんの手とひっくるめて「ぶた」と呼んでいるから、「ぶた」は手として弱いのである。

二種類の球をじゃらじゃら混ぜる場合も同様で、どんな状態にあったにせよ、1回容器を動かすごとに球の配置は変わり、まず二度と同じ状態は出現しない。しかし人間の方は、

きっちり分けられていたものが一旦ランダムに混ざってしまえば、もうどこが違うのか見分けがつかず、いっこうに変わりばえのしない状態ばかりが続くと文句を言うのである。要するに、最初から最後まで球の配置の稀少性は同じなのだが、人間の感覚は最初の、黒と白の球がきっちり分けられた状態しか特殊なものとは認めようとしないから、こういうことが起こるのである。

　熱の拡散あるいは平均化という現象の本質が、確率におけるこういった手の数の多さということと結びついているならば、必然的に平均化を示すエントロピーの概念も、この手の数、場合の数というものと密接な関係をもっているはずである。それゆえ、ここからエントロピーに対するアプローチを行ってみることにしよう。

場合の数とエントロピー

　そこで次のようなことを考える。二つの領域にカードを並べる。それぞれのカードは表が黒、裏が白で、それらが等分にしきつめられている。

　ここで、カードが表で黒になっていたなら、それは単位熱量を1つ持っており、裏になって白だったら熱量をもたないということにする。そしてこのカードを一枚ずつランダムにひっくり返していくわけだが、ただランダムにやるのでは熱の総量が変化してしまう。そこで、白を1枚ひっくり返して黒にしたら、同時に黒をどれか1枚ひっくり返して白にするものとする。そうすれば、黒になっているカードの枚数は常に一定で、熱量は保存されている（なお、ひっくり返す2枚のカードが2枚とも片方の領域にあってもかまわない）。こ

第 9 章 エントロピーと熱力学

のようにしておいて，もし最初黒のカードが一方の領域に集中していた場合，この操作をくり返すことで，黒と白のカードの枚数は両方の領域で平均化されていくだろう。

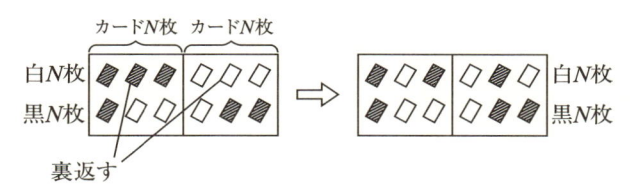

図 9.10

これと同時にわかることは，一方に黒いカードが集中している状態は，場合の数が少なく，二つの領域に平均化されている状態の場合の数は多いだろうということである。こういうモデルであれば，熱量の移動という現象をカードの状態の場合の数に置き換えて考えることができる。そこで，その場合の数を実際に計算してみることにしよう。

一方の領域に N 枚のカードがあり（したがって両方で $2N$ 枚），黒いカードの総量が N 枚（したがって白も N 枚）に定められているとして，場合の数を見てみよう。

まず，一方の領域が全部黒になっている状態は1通りしかない。そしてそのうちの1枚だけが裏返って白になっている状態を作る場合は，N 枚の黒いカードのうちどれを裏返しても良いのだから，それは N 通りある。

2枚が裏返って白になる場合の数は，$\dfrac{N \times (N-1)}{2}$ 通りである。一般に n 枚が裏返る場合の数は

$$\underbrace{\frac{N\times(N-1)\times(N-2)\times\cdots\times(N-(n-1))}{n\times(n-1)\times\cdots\times 1}}_{n個}\left(=\frac{N!}{(N-n)!\,n!}\right)$$

である。ここで，$n+1$ 枚の場合の数が n 枚の場合の数の何倍になっているかを調べると，分母と分子の大部分がキャンセルされて

$$\frac{N-n}{n+1}倍$$

になる。これを見てわかる通り，$N\gg 1$ の場合，n が $N/2$ に近ければ，この値は1に近づく。この値が1だということは，場合の数が1倍に変化することを意味するのだから，このときはカードを1枚ひっくり返しても，前とあとでの平凡さは同じである。そしてエントロピーが平凡さを意味するとしたならば，このときのエントロピー変化はゼロであるべきである。

場合の数そのものは，このように n が $N/2$（つまり双方の領域で黒と白が半々）のとき極大値をとる。それゆえ平凡さを示すだけなら，場合の数それ自体が十分にそれを示す指標になる。しかし log を適用すると，カードを一枚ひっくり返したときの変化が，熱力学のときと同じように表現されるのである。

カードを1枚ひっくり返すとき，前とあとの場合の数を Γ_1, Γ_2 として，エントロピーがもし $\log\Gamma$ で表されるとしたならば，エントロピーの変化は

$$\log\Gamma_2-\log\Gamma_1=\log\frac{\Gamma_2}{\Gamma_1}$$

である。この $\frac{\Gamma_2}{\Gamma_1}$ が，先程求めた $\frac{N-n}{n+1}$ のことであり，

第 9 章 エントロピーと熱力学

$n = \dfrac{N}{2}$ で $\dfrac{\Gamma_2}{\Gamma_1} = 1$ となるわけだから，$\log 1 = 0$ となって，このときのエントロピー変化がゼロであると言えるのである。

さて一般の場合，カードを1枚裏返したときのエントロピー変化は

$$\log \frac{N-n}{n+1}$$

であることになる。もしここで N も n も，ともに1に比べて非常に大きければ，$\dfrac{N-n}{n+1}$ は n が $n+1$ や $n+2$ に変化したところで，ほとんど変化しない。

そこでこの $\dfrac{N-n}{n+1}$ を γ とおけば，n から $n+1$ への変化で場合の数は Γ_1 から $\Gamma_2 = \Gamma_1 \times \gamma$ に，$n+1$ から $n+2$ に変化するとき Γ_2 から $\Gamma_3 \simeq \Gamma_2 \times \gamma \, (= \Gamma_1 \times \gamma^2)$ に変わる。

ところがこれについて log をとると，それぞれの変化は $\log \Gamma_1$ から $\log \Gamma_2 = \log \Gamma_1 + \log \gamma$ に，$\log \Gamma_2$ から $\log \Gamma_3 \simeq \log \Gamma_2 + \log \gamma \, (= \log \Gamma_1 + 2\log \gamma)$ になる。

これはわれわれが知っているエントロピーの性質にそっくりである。先程，カードを1枚裏返せば単位熱量 q が移動すると約束しておいたが，これにしたがうと，単位熱量 q が移動するごとにエントロピーには $\log \gamma$ が加算されることになる。

一方熱力学の考え方では，一般に熱量 q が移動するとエントロピーには $q\left(\dfrac{1}{T_1} - \dfrac{1}{T_2}\right)$ が加算される。この場合，移動

する熱量が微小なら熱源の温度は変化せず，$\left(\dfrac{1}{T_1}-\dfrac{1}{T_2}\right)$ はほぼ一定と考えてよい。それゆえ，微小熱量を1単位移動するごとにエントロピーには定数が一つ加算されるという点で，場合の数によるものと熱力学によるものは共通する。そういうわけで，場合の数を用いた $\log \Gamma$ という表現は，エントロピーの性質によく対応しているのである。

一般には，$\log \Gamma$ がエントロピーに対応することを示すに当たっては，等温膨張の場合が例に引かれる。そこで，この方法についても一言述べておこう。

等温膨張は要するに，個々の分子が温度（つまり運動エネルギー）の低下なしに，より広い領域に拡散していく状態に対応しており，場合の数の計算は，この方がやりやすいのである。

領域を V 個の単位区画に分割し，N 個の分子をそこにランダムに振り分ける。ランダムに振り分けるのだから，1個の単位区画に N 個全部が入っても良いし，V 個の区画に等分に振り分けられても良い。

この場合，振り分け方の場合の数は，N 個の分子の1個1個がそれぞれ V 通りの選択を許されているから，これは全体で V^N になる。この log をとれば

$$\log V^N = N \log V$$

である。単位区画の個数が増えて V が大きくなれば，この値も増す。それゆえこれをエントロピーと考えれば，単位区画の個数が V_1 から V_2 に増えたときのエントロピー変化は

$$N\log V_2 - N\log V_1 = N\log\left(\dfrac{V_2}{V_1}\right)$$

第 9 章　エントロピーと熱力学

となる。

　本書ではこれまであまり述べなかったが，熱力学の立場から見た等温膨張のエントロピー変化というのは，実はこれと同じ形をしている。こちらの方は，$1/V$ の積分によって log が出てくるのだが，論理の点では直接的につなげることが難しいとはいえ，とにかく同じ $\log \dfrac{V_2}{V_1}$ が出てきてくれるため，統計力学における $\log \Gamma$ がエントロピーに対応することを示すためには，これが用いられることが多いのである。

エントロピーの概念の適用限界

　エントロピーが「乱雑さ」を意味する概念であると言われるようになったのは，恐らくこの統計力学的解釈が成立して以降のことではないかと思う。主として今示したような，等温膨張において体積の増大がエントロピーの増大をともなうことに注目して，粒子がたくさんの領域に散らばることを乱雑さの増大と言ったのである。

　しかしこれは，平等化という言葉による解釈ももちろん可能であり，例えばグラウンドの中央の小さな領域に砂金を積み上げておけば，時間の経過とともに吹き散らされて，そこら中に広まってしまうだろう。砂金の持ち主からすれば，これは乱雑化以外の何物でもないが，一方周囲にいる庶民から見れば，これはむしろ平等化であると言える。

　エントロピーという概念は，最初熱力学で，断熱過程による温度の拡大，縮小がある場合の，熱量の外部からの出入りによる温度変化をうまく表すための手段に過ぎなかった。そしてその過程で，数学的には足し算とかけ算の橋渡しという

性質をもつことになった。

そしてそういう数学的形式の属性の一つが，ロープで長方形の面積を囲う問題のように，平均化がなされた時に最大の値をもつということである。しかしエントロピーは，粒子の数や温度が増大した時にも大きくなる。それを引っくるめて一言で言うためには，確かに平均化という言葉よりも乱雑さという言葉の方が良い。ところがこうしてむりやり一言で言ってしまったため，この概念は適用限界を越えて一人歩きを始めてしまったようである。

特に，物理現象のみにとどまらず，人文社会の領域にまでこれが拡張されたことで，少々問題が生じてしまった。確かにエントロピー増大の法則は，物理的には宇宙の一大基本法則であり，「乱雑さ」は常に増大を続ける。そうなってくると，人間の歴史そのものもエントロピー増大の掟を超えうるものではないと言えるのではないか，という問いが当然発せられることになる。実際エントロピー＝「乱雑さ」であるとするならば，これはいかにもありそうな話である。

しかしエントロピー＝「平凡さ」という解釈をとった場合，この問題の適用範囲はかなり明確に限定することが可能である。歴史に関する結論を一言で言ってしまえば，それは「凡庸な人間によって運営される歴史は，エントロピー増大の過程である」ということである。

これは物理現象についても言える。なぜなら個々の粒子のもつ属性とは，いわば凡庸性の極致とでも言うべきで，粒子の世界には指導者も改革者もいない。逆に言えば，その粒子の無個性ぶりが，物理学という学問を成り立たせているのである。

第 9 章　エントロピーと熱力学

　だがもしエントロピーが凡庸性に依存する場合，それは人間の主観に大きく依存せざるを得ない。例えば「凡庸な大統領」と言った場合，その凡庸さとは，歴代の大統領との比較での話なのであって，一般社会の中では恐らく彼は凡庸な人物ではない（もともと統計力学においても，エントロピーが人間の主観に左右されるものであることは，マックスウェルが指摘している。例えば，球が混じり合っている時，今まで無視していた球の色に着目したとたん，エントロピーが変わることがあるという，ギブスの背理がある）。

　それゆえ，群を抜いて卓越した個人，個性が存在するなら，その人物の周囲においては，歴史におけるエントロピーは劇的に減少しうるのである。

　しかし，エントロピーが平等さを示す概念であるというのは，現代社会にとっていささか認め難いことであるかもしれない。なぜならば，民主化，自由化というものこそ，ある意味で歴史の中でのエントロピー増大の最たるものであると言えるからである。

　一般に，革命その他によって民主化が行われて権力が大衆の手に渡ると，当初その高揚感によってその国の力は飛躍的に上昇し，歴史の中で大きな活動をする。しかしその時期が過ぎると，社会全般をおおう平凡さ，陳腐さにうんざりして，人々は文明に参加する意欲を失い，やがて文明は衰退する。どうもエントロピー概念の帰結である「熱死」という言葉は，宇宙に対してよりもこの状態に対して，何となくぴったりするように思えて仕方がないのである。

第 10 章

解析力学

解析力学というのは，物理の学部専門課程の中で，最も理解しづらいものの一つではないかと思う。ラグランジュ関数（ラグランジュアン）というわけのわからないものが出てきて，それがなぜか $T-U$ というものであり，そこからさらにハミルトニアンという，やっぱり良くわからないものを作るというわけで，最初から最後までわからない人がほとんどというのが実情である。

　しかしそれももっともな話であって，なぜこういうことを行うのかという，目的に関する説明を聞く機会が学生にはあまり与えられていないのである。そこで，解析力学が発達した経緯について，ちょっとふれておくことにする。

　この学問の発端となった人物は，（やっぱりというべきか）ニュートンである。当時「最速降下線」の問題が，懸賞問題として提出されていたが，ニュートンはそれをたった一晩で解決してしまった。その時彼が新しく開発して用いたのが，変分法という技法である。

　ニュートン自身はこの技法を発展させることにそれほど熱心ではなかったが，大陸の物理学者たちはこれにひどく執心で，オイラー，ダランベール，モーペルテューイ，ラグランジュ等が，この技法を用いて力学体系をいかにエレガントに記述するかについて努力を傾けることになる。

　そしてハミルトン，ヤコビらによって，一応解析力学は完成する。しかしこれはあくまでも技巧的なものであり，こういう体系による記述をすると，確かに非常にきれいな形にはなるが，現実的な必要性というものは大してなかったのである。それゆえこのままであれば，解析力学は物理学の偉大な成果として，本棚の奥まったところにうやうやしくしまいこ

第10章 解析力学

まれたであろう。

しかしその後，20世紀に入ってからの予期せぬ変化により，解析力学は物理学の表通りに引っぱり出されることになった。それは量子力学の登場である。量子力学の体系は，普通のニュートン力学の方式では記述がやりづらかったが，解析力学の体系は，高度に抽象化されているため記号をちょっと入れ換えるだけでうまく記述ができてしまうのである。これが，学部専門課程の中にこの複雑な体系が取り入れられた理由である。

さて，どんな理論であれ，その基本的な発想というのは誕生の時に最も明確な形をとることが多い。そこでこの場合も，最速降下線の問題から出発するのが適当かと思われる。

最速降下線

最速降下線の問題というのは，要するにA点からB点へボールが転がって降りていく場合，どういうコースで降下すれば最も短時間ですむかという問題である。

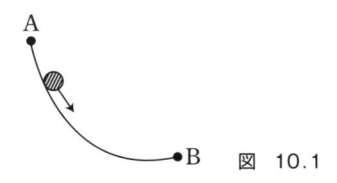

図 10.1

この問題については，むしろ答えの方が良く知られており，それはこの曲線がサイクロイドになるということである。しかしその答えはどうやって出されたのだろうか。

ここで登場するのが変分法である。いま，木片か柔い金属ですべり台を作ってみよう。そして表面に少しずつやすりを

かけていって，すべり台にだんだんカーブをつけてやる。

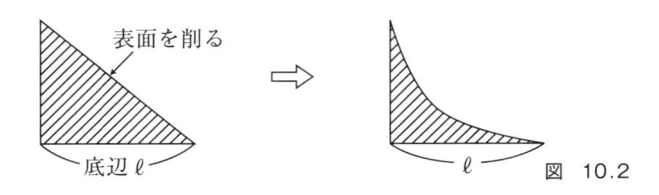

表面を削る
底辺 ℓ

⇒

ℓ

図 10.2

　この場合，いきなりごしごし削って派手に変形させるのではなく，1回やすりをかけてはボールをその上に転がして降下時間を測定し，また1回やすりをかけるといった作業を，根気良く何千回も繰り返すものとする。

　さて，表面を削るといってもそのやり方は無数にあり，何も考えずに削っていってお望みの曲線に達するなどということはあまり期待できないのだが，ここでは偶然，最速降下線を削り当てることに成功したとしよう。しかし本人がそれに気づかず，さらに削り進んでしまったとしたならどうだろうか。この場合，やすりをかけた回数と，そのつど測ったボールの降下時間をグラフにすれば，それは次のようになるに違いない。

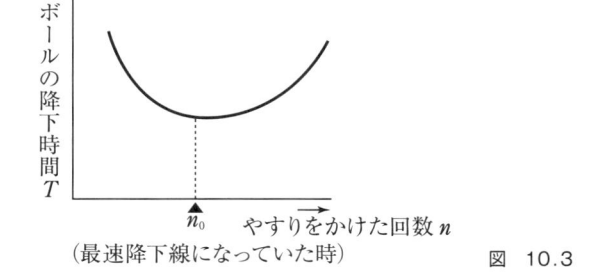

ボールの降下時間 T

n_0　やすりをかけた回数 n
（最速降下線になっていた時）

図 10.3

このグラフに関して重要な点とは、次の二点である。まず第一に、グラフの曲線はなめらかであるはずだということである。これはちょっと考えれば当然だろう。やすりで表面をさっと1回こすっただけなのに、ボールの降下時間に目に見えるような開きができるなどということは、およそあり得ない。あり得るとすれば、すべり台の途中がガケのようになっている場合だが、そういう場合は考えないことにするため、すべり台の変化が顕微鏡的であれば、降下時間の変化もまた顕微鏡的であり、これはどの時点にも言えるべきである。

第二に、n_0、つまり最速降下線の状態になっていた時を見ると、グラフの上で n_0 から左右に少しずれた点では、左右いずれの場合もボールの降下時間 T は（最速降下線の時点より）大きくなっている。要するにグラフの曲線は n_0 で極小になっているはずだということである。

これは当たり前すぎるほど当たり前のことだが、以上二つをまとめると、次のような結論が導き出せる。すなわち n_0 の点では T を示す曲線は水平になっているはずだということである。なめらかな曲線が、n_0 のまわりでは左右どちらに行っても増加するというのだから、n_0 の点では傾きがゼロであるのは当然だろう。

これを数式で書けば次のようになる。次のページの図 10.4 のように、このグラフ上で n をある点から（左右いずれかに）δ だけ微小にずらしたときの T の変化を $\delta T(n)$ としよう。

このとき、n_0 の周囲ではそれが変化しないので

$$\delta T(n_0) = 0$$

となる。

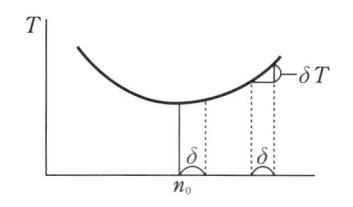

図 10.4

　ここまで書けば，多分ほとんどの人が，高校の時やった関数の極小値を求める問題——つまり関数を微分して $\frac{df}{dx}=0$ になる点 x_0 を求めると，$f(x_0)$ が極小値になる——を思い浮かべたのではないかと思う。

　実際その通りなのであって，この場合も $\delta T=0$ になる点 n_0 を求め，その n_0 に対応するすべり台の形状と，かかった時間 $T(n_0)$ を求めようというのである。異なる点は，高校の極値の問題の場合，求めた x_0 に対応する $f(x_0)$ は単なる1個の数値に過ぎないが，今の場合，求めた n_0 にまず直接対応するのはすべり台の形状——その形状自体，一つの関数で表されることになる——なのであって，かかった時間 T は，実はそのすべり台の形状のそのまた関数だったのであり，問題が一段複雑になっているのである。この点，用心しないと頭が混乱するので注意されたい。

　では具体的な話に移ろう。最速降下問題の場合，まずすべり台の形状を $F(x)$ で表す（この場合の x は，やすりの回数 n とは何の関係もなく，水平距離を示すものである）。

第⑩章　解析力学

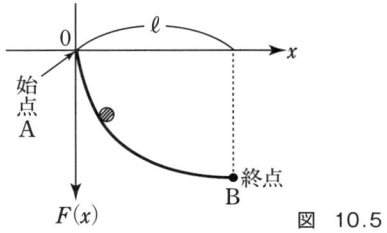

$F(x)$ の符号がややこしくなってしまうが，今われわれとしては $F(x)$ によってボールが降下した距離を示したい。それゆえ $F(x)$ は正値をとるものとし，始点で $F(0)=0$ である。

いわばすべり台を上から見下ろした格好になるわけだが，$F(x)$ がすべり台の形状を示すことには変わりはない。われわれの最終目的は，この $F(x)$ を求めることである。

最終目的に達するまでに，いくつかの小目標がある。最初の小目標は，このすべり台をボールがAからBへ通るのに要する時間 τ を求めることである（この，τ を求めるまでの過程は，面倒だったら斜め読みでもかまわない）。

そのためにはまずボールの速度を求めなければならない。これはポテンシャル・エネルギーから求めることができる。ボールが垂直距離 h だけ降下したなら，減少したポテンシャルは mgh （m はボールの質量）で，これが運動エネルギー $\frac{1}{2}mv^2$ に等しい。h というのが実は $F(x)$ のことなのだから

$$\frac{1}{2}mv^2 = mgF(x)$$

よって

$$v = \sqrt{2gF(x)}$$

である。しかしこの v というのは，すべり台の上を転がっていく速度のことであって，われわれの立場からすれば，v の x 方向成分 v_x を求めた方が，どちらかといえば便利である。

そこで，すべり台の一部を拡大してみよう。底辺の長さを dx とする直角三角形を考えると，その高さは $F(x)$ を用いて記述できるはずである，というよりは，これは F の微分そのもので，この高さは $\dot{F}(x)dx$ である。（ただし，$\dot{F}(x)$ は $\dfrac{dF}{dx}$ のことである。t の微分ではない）

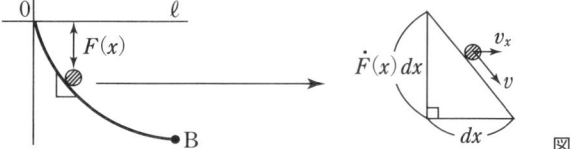

図 10.6

v と v_x の比は，この直角三角形の斜辺と底辺の比に等しい。そこで斜辺を三平方の定理で求めると，v_x と v の関係は
$$v_x = \frac{dx}{\sqrt{(\dot{F}(x)dx)^2 + dx^2}} \cdot v = \frac{v}{\sqrt{\dot{F}(x)^2 + 1}}$$
となる。一方ポテンシャルから求めた v の値は $v = \sqrt{2gF(x)}$ だったから，結局
$$v_x = \frac{\sqrt{2gF(x)}}{\sqrt{\dot{F}(x)^2 + 1}}$$
である。さて，$T = \dfrac{1}{v_x}$ とおくと，われわれが求めたい τ は
$$\tau = \int_0^\ell T\,dx \left(= \int_0^\ell \frac{dx}{v_x} \right)$$

第10章　解析力学

と書くことができる。なぜならば，$\dfrac{dx}{v_x}$ というのが，ある点から微小距離 dx を移動するのにかかる微小時間を示すからである。

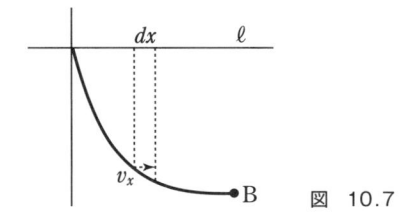

図 10.7

この微小時間を ℓ まで積分すれば，全行程をボールが通過するのに要する時間になる。積分する前の関数 T の方は，ある点 x から単位水平距離を移動するとき費される時間を示す関数だということになる。もちろんこれも，すべり台の形状 $F(x)$ を変えれば，それに応じて変わる。

結局 τ の具体的な形は

$$\tau = \int_0^\ell \frac{1}{v_x}\, dx = \int_0^\ell \frac{\sqrt{\dot{F}(x)^2 + 1}}{\sqrt{2gF(x)}}\, dx$$

となる。ここからが本題で，斜め読みしていた人は，ここから気を入れて読んでいただきたい。

オイラーの微分方程式

われわれにとって重要なのは，すべり台の形状 $F(x)$ をいろいろに変えてみたとき，τ の値がどう変わるのかを知ることであった。ところが先程求めた，τ を表す式を見てわかることは，その中には $F(x)$ のみならず $\dot{F}(x)$ も含まれているということである。

つまり τ の値を求めるためには,すべり台の形状 $F(x)$ をインプットしただけではだめで,それを x で微分した $\dot{F}(x)$ も同時にインプットしてやらなければならないのである。つまり τ は,$F, \dot{F}$ の二つを変数にもつ「二変数関数」であるとみなすことができるというわけである。

読者の中には,F を決めれば $\dot{F}$ も決まってしまうはずだから,独立変数は結局 F 一個だけにできるはずではないか,と文句を言う人もいるかもしれない。確かにそれはそうなのだが,それをやろうとすれば,τ を表す式は結局 F と $\dot{F}$ の間の関係式を含まざるを得ない,つまり $\dot{F} = \square F$ といった類の微分方程式を式の中にとりこまねばならず,問題は複雑極まりないものになってしまう。それゆえ,「変数」を無理やり1個にまとめるよりも,$\tau(F, \dot{F})$ や $T(F, \dot{F})$ としておいた方が都合が良いのである。

さてもう一度言うと,τ および T($\tau \equiv \int_0^\ell T dx$ である。念のため)は二変数関数と考えることができて,しかもその2個の変数は,一方がもう一方の微分であるという,ちょっと変わった関係になっている。この関係をうまく利用すれば,それだけでずいぶんいろいろなことができるはずである。

それゆえ,今まで手間ひまかけて τ や T の具体的な形を求めはしたが,以後しばらくはこれらの具体的な形は必要ない。要するにこれらが F と $\dot{F}$ の関数になっているということが重要なのであって,わざわざ τ や T を求めたのも,結局これを確かめるためだったのである。

具体的な形なしで一体何を求めるのかということだが,例えばある関数 f が x のみの関数だったなら,極値の条件は

第10章 解析力学

$\dfrac{df}{dx}=0$ となることである。われわれが今から求めるのは, T が F と $\dot{F}$ の関数だったなら, この条件に相当するものはどんな形になるかということである。

そういうわけで, ここからは関数 T は単に $T(\dot{F},\ F)$ とのみ記すことにする。そしてまずわれわれが知りたいのは, F を少し変えたときの降下時間 τ の微小変化量が, どのように表されるかである。そこで, 最初のすべり台を F_0 として, それにつけ加える $\delta(x)$ という関数を考えよう。いわば $F_0(x)$ という形状のすべり台に薄くパテ盛りして変形することを考えるわけである。

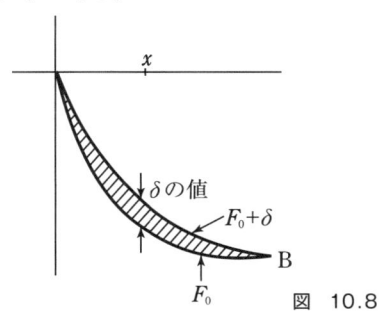

図 10.8

この場合, $\delta(x)$ の値は, 水平距離 x の点でどのくらいの厚さにパテ盛りするかを示すものである。ただしすべり台の始点と終点ではパテ盛りはしない。つまり $\delta(x)$ は始点と終点でゼロという制限をもつことにする。

もちろんパテ盛りするのとは逆に, すべり台をさらに削りこんで, 削る厚さを $\delta(x)$ としても結果は同じである。そして, パテ盛りした後のすべり台の形状は, $F_0+\delta$ という関数で表現できることになる。

211

このように道具を整えれば，降下時間 τ に生じる微小変化（これを $\delta\tau$ と書くことにする）を考えることは，ちょうど高校の微積分と同じように可能である。ただ異なるのは，変数が F と $\dot{F}$ の二つであること，そしてもう一つ重要なのは，F を $F+\delta$ に変えたとき，$\dot{F}$ も $\dot{F}+\dot{\delta}$ としなければならないことである。これは一見奇異に思えるが，ちょっと考えればもっともなことで，$\dot{F}$ はすべり台の傾きを示す関数なのだから，パテ盛りした後のすべり台の傾きが $\dot{F}+\dot{\delta}$ になるのは当然のことである。

こういったことを考慮すれば，F_0 を $F_0+\delta$ に変えたときの，降下時間の微小変化は

$$\delta\tau = \int_0^\ell \Big[T(\dot{F}_0+\dot{\delta}, F_0+\delta) - T(\dot{F}_0, F_0) \Big] dx$$

となる。ここまでは高校の微積分と大して変わらない。しかし T の中味が入り組んでいるから，いろいろとこねくり回す余地がある。そこで以下，計算操作を続けてどんなものが出てくるかを見てみよう。

δ は，でこぼこしていない滑らかな関数を考えているから，δ も $\dot{\delta}$ も非常に小さいと考えてよい。そこで積分の中の第一項は，δ と $\dot{\delta}$ の第一次まで展開すると

$$T(\dot{F}_0+\dot{\delta}, F_0+\delta) \simeq T(\dot{F}_0, F_0) + \frac{\partial}{\partial \dot{F}} T(\dot{F}_0, F_0)\,\dot{\delta}$$
$$+ \frac{\partial}{\partial F} T(\dot{F}_0, F_0)\delta$$

となる（なお，$\frac{\partial}{\partial \dot{F}} T(\dot{F}_0, F_0)$ とは，「二変数関数」$T(\dot{F}, F)$ を $\dot{F}$ で微分し，それに $\dot{F}_0, F_0$ を代入したという意味である）。積分に代入すると

$$\delta\tau = \int_0^\ell \left[T(\dot{F}_0, F_0) + \frac{\partial}{\partial \dot{F}} T(\dot{F}_0, F_0) \,\dot{\delta} \right.$$
$$\left. + \frac{\partial}{\partial F} T(\dot{F}_0, F_0) \,\delta - T(\dot{F}_0, F_0) \right] dx$$

この積分の第一項と第四項はキャンセルする。そして以下 $T(\dot{F}_0, F_0)$ は略して T と書き,また $\dot{\delta}$ は正確に $\dfrac{d\delta}{dx}$ と書くと今の式は

$$\delta\tau = \int_0^\ell \left(\frac{\partial T}{\partial \dot{F}} \frac{d\delta}{dx} + \frac{\partial T}{\partial F} \delta \right) dx$$

となる。われわれとしてはここで,δ をかっこの外にくくって出してしまいたいのだが,第一項では $\dfrac{d\delta}{dx}$ になっていてくくれない。そこで何とかしてこれを δ に変えてしまいたい。そのためには部分積分を用いれば良い。第一項を部分積分すると

$$\int_0^\ell \frac{\partial T}{\partial \dot{F}} \frac{d\delta}{dx} dx = \left[\frac{\partial T}{\partial \dot{F}} \delta \right]_{x=0}^\ell - \int_0^\ell \frac{d}{dx}\left(\frac{\partial T}{\partial \dot{F}} \right) \cdot \delta \, dx$$

となる。ところが $\delta(x)$ は始点 $x=0$ と終点 $x=\ell$ ではゼロであると約束しておいたので,ありがたいことに右辺第一項はゼロになって消えてしまう。結局

$$\delta\tau = \int_0^\ell \left[-\frac{d}{dx}\left(\frac{\partial T}{\partial \dot{F}} \right) \cdot \delta + \frac{\partial T}{\partial F} \delta \right] dx$$

となって,δ はかっこの外にくくり出せる。

$\delta\tau$ はこうして求められたが,これに最速降下線の条件 $\delta\tau=0$ を適用する。つまり F_0 が最速降下線であったときには

$$\delta\tau = \int_0^\ell \left[-\frac{d}{dx}\left(\frac{\partial T}{\partial \dot{F}}\right) + \frac{\partial T}{\partial F} \right] \delta dx = 0$$

が成立していなければならない。

　積分の中にはまだ δ が残っている。しかしパテの盛り方は，薄く滑らかであること，始点終点でゼロであることの外に条件はつけなかった以上，この式は任意に選んだ δ について成立している必要がある。ということは最速降下線のときには

$$-\frac{d}{dx}\left(\frac{\partial T}{\partial \dot{F}}\right) + \frac{\partial T}{\partial F} = 0$$

という式が満たされていなければならない。

　この関係式は，T が $\dot{F}$，F の二変数関数であることから出てきてくれたものである。実際，T が F のみの関数であれば第一項の $\frac{\partial T}{\partial \dot{F}}$ は消えて，この式は $\frac{dT}{dF} = 0$ となり，これは高校の極値の条件と同じである。

　結局これを一つの微分方程式とみなし（これはオイラーの微分方程式と呼ばれる），T に，先程求めたまま放っておいた具体的な形を代入して F について解けば，最速降下線を求めることができる。ここでやっても良いのだが，ここから先は解析力学そのものとはそれほど関係がない。そこで，これをきちんと解けばちゃんとサイクロイドの解が現れるということにして，先へ進んでしまうことにする。

ラグランジュアン

　一般に，ある関数 G があって，それが x と $\dot{x}$ の関数であったなら，この関数 G の最小化問題にはオイラーの微分方

程式の適用が可能である。

そこで物理学者たちは、この道具一式を力学に適用することを考えた。およそ力学においては、どんな問題であれ結局のところその最終目的は、物体の位置を示す関数 $q(t)$ を求めることである。そこでこの $q(t)$ が最速降下問題におけるコース $F(x)$ に相当するとしてやるべきである。

そうなると、最速降下問題における所要時間 $T(\dot{F}, F)$ に相当するものは一体何なのかというのが問題である。これがわからなくては話にならないのだが、これについてはっきりしていることといえば、第一にその関数は q と $\dot{q}$ の関数でなければならず（さもないとせっかくの道具が適用できない）、第二にその関数が最小値をとっていたときの $q(t)$ の形が、そっくりそのまま現実の世界で物体がたどるべきコースを示しているべきだということである。

実はこういう発想には先輩格の理論があり、それは光学におけるフェルマーの原理である。フェルマーの原理とは要するに、光は通過に要する時間が最小となるような経路に沿って進むというものであり、逆に言えば、鉛筆で勝手に二点を結ぶさまざまな形のコースを描いたとき、それぞれにおける通過時間の長さを表にまとめてその中から一番小さいものを選び出せば、その値に相当するコースは現実に光がたどる光路と一致しているのである。解析力学は、この考え方の力学版であるといえる。

しかしそうは言っても、こういう量を見出すのはなかなか難しい。例えばボールが落下していくときの時間と高さのグラフを描いたとき、そのカーブの形状は何かを最小にしているはずなのだが、その何かとは一体何なのか、ちょっと考え

ただけではさっぱり見当がつかない。しかしそれを見出すことが解析力学のいわば中心課題である以上、とにかく何としてでもやらなければならない。

一般には、重力のような力のはたらいている系を考えるべきだが、最初からそれでは複雑すぎてちょっとアプローチできない。それゆえ、何も力がはたらいていない慣性系から考えていくことにしよう。

この場合、現実の世界での物体のコースは、時間 t と位置 q のグラフの上では直線で示される。つまりグラフの上に二点 A、B を書いて、鉛筆で AB をつなぐいろいろな経路を描いたとき、それが直線だった場合に何かある量が最小になっているのである。

一般に、速度 v というのは $\dot{q}$ のことだから、グラフの上では傾きの値に相当する。そこで、グラフの AB 間の時間 τ を $\frac{\tau}{2}$ で二つに区切り、それぞれの区間で速度が違うコースを考えよう。この場合、AB を結ぶ直線の傾きを v_0 とし、コースの前半の方が速度が速く、傾きが $v_0+\varDelta$ だとする。

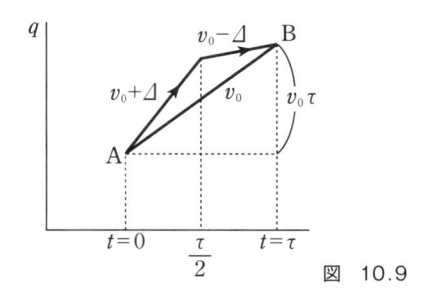

図 10.9

第10章　解析力学

このとき，後半部分での速度は $v_0-\Delta$ でなければならない。なぜなら始点と終点が定められている以上，$v_0-\Delta$ であれば

$$(v_0+\Delta)\frac{\tau}{2} + (v_0-\Delta)\frac{\tau}{2} = v_0\tau$$

が成立するからである。この場合に限らず，一般に A，B を始点終点とするコースで各時点の速度が $v(t)$ で与えられていたとき，

$$\int_0^\tau v(t)\,dt = v_0\tau$$

が成立していなければ，グラフの上で幾何学的矛盾を生じてしまう。

この $\int_0^\tau v(t)\,dt$ は，どんなコースを選んでも一定なので，われわれがさがしている量ではない。ところがもしここで $\int_0^\tau v^2(t)\,dt$ というものを考えると，少々話は違ってくる。

先程のコースでこれを考えると，この値は

$$\frac{\tau}{2}(v_0+\Delta)^2 + \frac{\tau}{2}(v_0-\Delta)^2$$

となる（この値は，前半と後半の速度を入れ換えても同じである）。これを展開すると

$$\frac{\tau}{2}(v_0^2 + 2v_0\Delta + \Delta^2 + v_0^2 - 2v_0\Delta + \Delta^2) = \tau(v_0^2 + \Delta^2)$$

となり，直線コースの場合の値 τv_0^2 と比べると，$\tau\Delta^2(>0)$ という量がくっついてしまうのである。

今の場合，展開する過程で $2v_0\Delta$ と $-2v_0\Delta$ がキャンセル

して消えてしまっているが、これは偶然ではない。なぜなら $v(t) = v_0 + \Delta(t)$ と書いた場合、先程やったように $\int_0^\tau v(t)dt$ と $\int_0^\tau v_0 dt (= v_0\tau)$ が同じでなければならない以上、$\int_0^\tau \Delta(t)dt = 0$ でなければならないからである。

それゆえもし T の分割をもっと多くしても、$(v_0+\Delta(t))^2$ の展開で出てくる $2v_0\Delta(t)$ は積分すればゼロになって、結局

$$\int_0^\tau v^2(t)dt = \int_0^\tau v_0{}^2 dt + \int_0^\tau \Delta^2(t)dt$$

となる。

これを見れば、右辺の第一項はコースによらない定数、そして第二項の積分は、$|\Delta(t)| \equiv 0$ でない限りゼロより大きい。つまり、AB間を結んだ直線コースで、この値は最小になるのである。

ここで両辺に係数 $\frac{1}{2}m$ をつけてやって、v^2 を $\frac{1}{2}mv^2$ ($=$ 運動エネルギー、T) としても良い。つまりこういった、力のはたらいていない慣性系においては、$\int_0^\tau T dt$ が、われわれの求めていたものである。

次にこれを基本に拡張していけば良いのだが、運動エネルギー T は速度 $\dot{q}$ の関数である。そこで、変数を $q, \dot{q}$ の二つとするためには、何か q の関数になっている量が導入されることが必要である。

また、ニュートン力学の場合、結局どこかに $F = m\alpha$ の関係が含まれていなければならない。今までは $F \equiv 0$ として話

をしてきた。それゆえ、拡張するとなれば F について考慮することが必要であり、またそれが位置 q の関数となっていることが望ましい。F に関係した量で q の関数になっている量といえば、まず考えられるのがポテンシャルエネルギー U である。

U をどう使うかはさておき、今までの t と q のグラフで U がどう表現されるかを先に見ておこう。

一様な重力場を考えると最も早い。この場合ポテンシャル U は mgh で表される。このうち m と g は定数であり、h だけを考えれば良いのだから、前のように二つの経路を考えて $\int_0^\tau U dt$ の差を作ると、それは下の図のように、二つの経路で囲まれた部分の面積に mg をかけたものに等しい。

$$\delta \int_0^\tau U dt = mg \int_0^\tau h dt$$

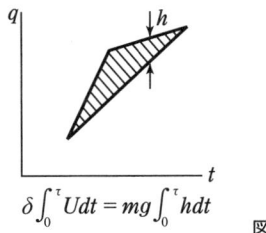

図 10.10

われわれにとって重要なのは、この値が（重力加速度 g がどの場所でも一定である限り）この図形の面積のみに依存するのであって、その形によらないということである。そこでこのことを踏まえたうえで、再び運動エネルギーの問題に立ち帰ってみよう。

経路の比較を、次のような二つの場合について行ってみ

る。第一のものは先程やったものと同じで，前半の速度が $v_0+\Delta$，後半が $v_0-\Delta$ のコースと，全区間 v_0 の直線のコースを比較するものである。そして第二のものは，前半の速度が $v_0+2\Delta$（後半 $v_0-2\Delta$）のものと，前半が $v_0+\Delta$（後半 $v_0-\Delta$）のものを比較するものである。

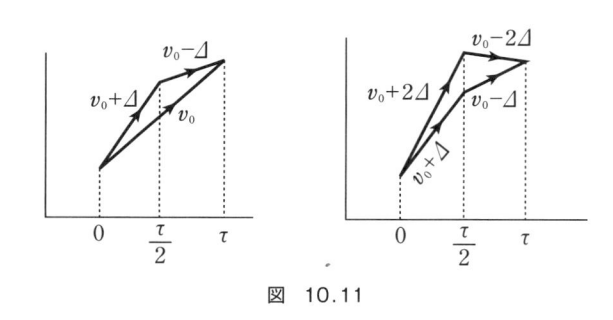

図 10.11

この両者で $\delta\int Tdt$ を求めると，第一のものは（先程計算したものと同じく）$\tau\Delta^2\times\dfrac{m}{2}$ である。これに対して後者は
$$\frac{\tau}{2}\left[(v_0+2\Delta)^2+(v_0-2\Delta)^2\right]-\frac{\tau}{2}\left[(v_0+\Delta)^2+(v_0-\Delta)^2\right]=3\tau\Delta^2$$
に $\dfrac{m}{2}$ をかけたものとなり，後者の方が大きな値となっている。一方，経路で囲まれた図形の面積は，この両者は同じ値をもつ。つまり後者のように図形を湾曲させていくと，$\delta\int_0^\tau Udt$ は変化しないが，$\delta\int_0^\tau Tdt$ は大きくなっていくのである。

今の場合は τ を二つに分割しただけだが，これをもっと

第⑩章 解析力学

細かく分割して経路を曲線にしていった場合，$\delta \int_0^\tau T dt$ の値は，もとの曲線の曲率が大きくなるほど増大するであろうことは，容易に予想がつく。一方 $\delta \int_0^\tau U dt$ の値は，この場合もやはり二つの経路で囲まれた部分の面積に mg をかけたものである。

下の図のように，下向きに重力がはたらいていた場合，もとのコースの少し上側を通るコースでは，曲率が大きくなっているため，$\int T dt$ は少し増えており，$\delta \int T dt$ は正である。また $\int U dt$ の方も，上側のものは各時刻でポテンシャルが大きい位置を通るコースであるため，やはり増えており，$\delta \int U dt$ も正である。

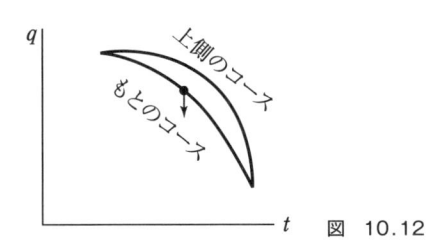

図 10.12

ということは，この三日月型の面積を一定に保ったまま湾曲させて，もとのコースの曲率を大きくしていったなら，$\delta \int U dt$ の値は一定のままで $\delta \int T dt$ は増えていくため，あ

る時点で両者の値が等しくなることが考えられる。この場合言うまでもなく、重力加速度gの値が大きいほど、一致するための曲率は大きくなければならない。

実際に現実の世界で物体がたどるコースの曲率は、ちょうど $\delta\int Tdt$ と $\delta\int Udt$ が同じ値をとるようになっている。それゆえ、$T-U\equiv L$ とおくと、$\delta\int_0^\tau Ldt=0$ となるグラフ上の経路が、現実世界の物体のコースと一致している。このLが、われわれのさがしていたものである。

関数Lは、Tからくる$\dot{q}$とUからくるqの二つを変数としてもつ。それゆえ最速降下問題の場合と同様、オイラーの方程式その他の道具一式の適用が可能である。この関数Lのことを、ラグランジュ関数またはラグランジュアンという。

なお、ニュートンの$F=m\alpha$の式がここに隠されていることは明らかである。Fはgに依存し、gを決めることが曲率$\ddot{q}$を定めることにつながるからである。

今述べたことがちゃんと成立するかを見ておこう。今回の場合も、計算の発想そのものは以前と同じなのだが、今度は三日月型の面積を求めることを同時に行わなければならない。そうなると、以前のやり方では多少不便である。

以前は、コースをずらした時に考えた $\varDelta$ は、$v_0+\varDelta$, $v_0-\varDelta$ のように、速度の微小変化であった。しかし三日月型の面積を求めるには、位置の微小変位hを考えた方が良い。

そのため、速度の微小変化は$\dot{h}$で表されることになり、もとのコースの各時点における速度を$v_0+u(t)$とすれば、ずらしたコースでの速度は$v_0+u(t)+\dot{h}(t)$になる。

第10章 解析力学

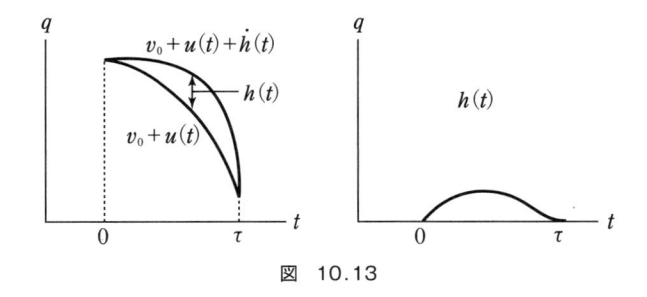

図 10.13

こうしておいて $\delta \int_0^\tau T dt$ をつくると

$$\delta \int_0^\tau T dt = \frac{m}{2} \left[\int_0^\tau (v_0 + u(t))^2 dt + \int_0^\tau 2\, v_0 \dot{h}(t)\, dt \right.$$
$$+ \int_0^\tau 2\, u(t) \dot{h}(t)\, dt + \int_0^\tau \dot{h}^2(t)\, dt$$
$$\left. - \int_0^\tau (v_0 + u(t))^2 dt \right]$$

となるが,ここで前と同じように $\int_0^\tau \dot{h}(t) dt = 0$ だから,第二項は消える。第一項と第五項がキャンセルするのは言うまでもない。そうなるとこれは

$$\delta \int_0^\tau T dt = m \int_0^\tau \dot{h}(t) \left[\frac{\dot{h}(t)}{2} + u(t) \right] dt$$

となるが,ここで $|\dot{h}(t)| \ll 1$ (つまり三日月が非常に細くなる) とすれば,かっこの中の第一項が第二項に比べて無視できるほど小さくなる。それゆえ

$$\delta \int_0^\tau T dt = m \int_0^\tau \dot{h}(t) u(t) dt$$

となる。しかしこのままではこの先の計算がしづらいので,これに一回部分積分をほどこしてやる。すると

$$m\int_0^\tau \dot{h}(t)u(t)dt = m\Bigl[h(t)u(t)\Bigr]_0^\tau - m\int_0^\tau h(t)\dot{u}(t)dt$$

であるが，変位 $h(t)$ は，$h(0)=h(\tau)=0$ なので，右辺第一項は消え，結局

$$\delta\int_0^\tau T dt = -\int_0^\tau m\dot{u}(t)h(t)dt$$

である。こうすることで，$\dot{h}(t)$ を $h(t)$ に直すことができ，三日月の面積への比較が楽になった。

しかしそれだけではない。$\dot{u}(t)$ というものが出てきたが，これは加速度のことであり，$m\dot{u}(t)=m\ddot{q}$ である。一方，ポテンシャルについては

$$\delta\int_0^\tau U dt = -\int_0^\tau F h(t)dt$$

であるから，$F=m\ddot{q}$ が満たされている場合に $\delta\int_0^\tau (T-U)dt=0$ が成立することが示されているのである。

以上のように，ラグランジュアンの概念においては，$\delta\int U dt$ よりも $\delta\int T dt$ の方がより中心的な役割を担っている。コースを，直線から曲率をだんだん大きくしていった場合，運動エネルギーとポテンシャルエネルギーの積分は，大雑把には次のページの図10.14のグラフのようになる。

ラグランジュアンは運動ポテンシャルとも呼ばれるが，その理由もこのグラフを見ればほぼ明らかである。

一般に，ポテンシャル・エネルギーの高い場所へ物体をもっていくためには仕事をしなければならないが，この場合，運動ポテンシャルの高い（曲率の大きい）コースをたどらせるには，余計な仕事や運動エネルギーが必要なのである。逆

第10章 解析力学

に言えば，自然は最も仕事の少なくてすむコースを選んでいることになり，光学におけるフェルマーの原理の力学版ができるわけである。

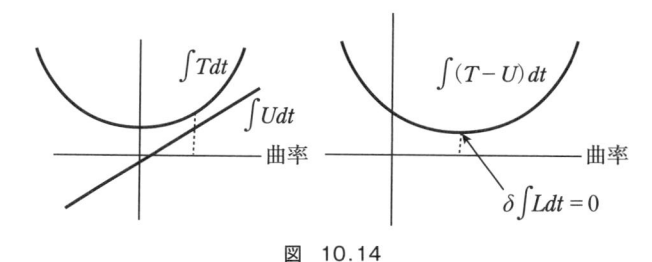

図 10.14

ハミルトニアン

では続いてハミルトニアンの話になるが，先ほどのラグランジュアンが $L = T - U$ という形で表現されていたのに対し，こちらは $H = T + U$ と表現されており，これは物理的には全エネルギー E と同等である。そのため，何が何だかわからなかった L に比べると幾分イメージ化しやすいが，しかしそれならなぜ単純に E と言わずにわざわざ H などというものを考えたのかと言われると，いまいち納得がいきにくい。

そこでそれをイメージするために次のようなことを考えよう。ここで物体の軌道を表現するための一種の巨大なグラフ用紙を考えて地面の上に広げ，その上に一台の車を走らせる。そしてこの車のダッシュボードには先ほどの L の値を示してくれるメーターがついていて，グラフ上の現在位置に対応する L の値がそこに表示されるものとする。

そしてこのメーターを見ながら巨大なグラフ用紙の上をいろいろと走らせてみることで，一般に物体がたどる真の軌道

はどれなのかをそこから割り出すことを考えるのである。

　この場合，一般にコースが本命の軌道から外れると L の値が最小値や停留値からずれてしまうことを利用すれば，それを割り出せる。つまり始点と終点（この二つだけは固定）の間を結ぶいろいろなコースを考えて何十回もテスト走行を行い，各回ごとに始点から終点までにメーターが示した値（の積分値）を求めてそれを記録しておく。そして全部終わった後でそれらを集計・比較し，一番小さな値を示していた回のコースが，実は本来物体がたどるべき本命の軌道とぴったり一致していたわけである。

　ところがここでダッシュボードにもう一つ，H という値を示してくれるメーターがあって，それが次のような性質をもっていたらどうだろう。つまりこちらは（詳しい中身はさておき），とにかく車がその本命のコースの上をたどっている場合には針がいつも動かず一定値を示すという性質をもっているとするのである。

　この二つのメーターが並んでいた場合，どっちが便利かといえばそれは後者であろう。すなわち前者が何回ものテスト走行の値を集計して比較せねばならないのに対し，後者はただ針をしっかり睨みながら，それが動かないようにうまくハンドルやアクセルを操作して走りさえすれば，一発で本命のコースを割り出すことができるからである。

　まあ H というものが考えられた本来の意義は，大体こんなところにあると思えば良いのだが，ただそういう性質をもつ量を考えるとなると，その物理的な対応物は必然的に全エネルギー E だということにならざるを得ず，結果的にそちらのイメージを先に描けてしまうのである。

第❿章　解析力学

さて H のイメージがこうしてつかめたならば、後は要するに正準方程式

$$\begin{cases} \dfrac{dq}{dt} = \dfrac{\partial H}{\partial p} \\ \dfrac{dp}{dt} = -\dfrac{\partial H}{\partial q} \end{cases}$$

のイメージが把握できればもうそれで解析力学のイメージ化は十分であろう。

しかしこれは基本的にはそれほど難しいことではなく、その本質は H が本命のコース上では針がずっと動かない、つまり時間的に変化しないということから導かれる。

ただし先ほどの L の変数が q および $\dot{q}$ だったのに対し、H では $\dot{q}$ のかわりに運動量 p が用いられ、q と p を変数とするものになっている。もっともこれについては、質点のイメージだけで考えている限りは要するに質量 m がつくかつかないかの違いだけなので、なぜそうするかについては大筋が把握できた後でゆっくり考えていけばよい。

ただ、要するに一般に相空間 (phase space) においては、q と p の平面を考えて、その上の曲線によって運動の状態を表現するのが普通なので、それに合わせているのだと思っていれば今はそれで十分であろう。

さて H が q と p を変数とする関数で、なおかつ本命の軌道上では針がずっと動かない、つまり $\dfrac{dH}{dt}=0$ だというのだから、全微分の基本より

$$\frac{dH}{dt} = \frac{\partial H}{\partial q}\frac{dq}{dt} + \frac{\partial H}{\partial p}\frac{dp}{dt} = 0$$

である。これは書き替えると

$$\frac{\partial H}{\partial q}\frac{dq}{dt} = -\frac{\partial H}{\partial p}\frac{dp}{dt} \qquad \frac{\partial H}{\partial p}:\frac{dq}{dt} = -\frac{\partial H}{\partial q}:\frac{dp}{dt}$$

となるが，この比の値そのものに関しては，要するに定数ということ以外何の条件もついていない。つまりそれは1と置いても差し支えないということであり，その場合

$$\left[\begin{array}{l} \dfrac{\partial H}{\partial p}:\dfrac{dq}{dt}=1 \\ -\dfrac{\partial H}{\partial q}:\dfrac{dp}{dt}=1 \end{array}\right.$$

となり，整理すると

$$\left[\begin{array}{l} \dfrac{dq}{dt}=\dfrac{\partial H}{\partial p} \\ \dfrac{dp}{dt}=-\dfrac{\partial H}{\partial q} \end{array}\right.$$

となる。そして見比べてみると何のことはない，これは先ほどの正準方程式そのものである。

　要するに，一般に二つの変数があって（つまりアクセルやハンドルなど2個の自由度があって），メーターの針が動かないように運転するにはそれらをどう操作すればよいかという条件を考えるだけで，基本的にこういう関係が出てきてしまうのである。

　そしてこれだけ単純なことなのだから，変数や自由度として何か別の2個を考え，メーターもそれに合わせてマイナーチェンジを行えば，やはりそれらの間に同じような関係が生じて，方程式の格好も正準方程式のバリエーションとなるはずであろう。

第10章　解析力学

　そしてそのように表現のオプションがいろいろできれば何かと便利なのであり，その種のマイナーチェンジを紙の上でまるごと行うための数学的な変換操作が，いわゆる「正準変換」なのである。

　なおラグランジュアンとの関係においては，両者はルジャンドル変換

$$H = p\dot{q} - L$$

によって結ばれているが，これは技法的な問題であるし滅多に出てこなくなるので，これも含めた他のことは無理にイメージを描く必要はないかもしれない。ただ，今まで何気無く運動量 p と言ってきたが，実はこれは $p \equiv \dfrac{\partial L}{\partial \dot{q}}$ で定義される「一般化運動量」というもので，本来 L がないときちんと決められないものであるというぐらいのことは，覚えておくとよいだろう。つまりこのように抽象化されているので，例えば p が mv でなく h/λ などで与えられても対応できるというわけである。

　まあ大体以上を把握できれば，解析力学という抽象的なものもどうにかイメージ化することができるのではないかと思われる。

やや長めの後記

——直観化はなぜ必要か

（第2版所収第11章「三体問題と複雑系の直観的方法」を改稿）

1　天体力学の壮大なる盲点

三体問題の不思議

　私がその，何とも納得のいかない奇妙な話について初めて知ったのは，一体いつごろのことだったろう。それは確か高校の1年ごろ，まだ数学というものが何か神秘的で人智を超えた力をもっていると信じて疑わなかった懐かしい日々に，図書館の本か何かで読んだものだったと記憶している。

　その奇妙な話とはいわゆる「三体問題」のことである。すなわち天体力学において，扱う天体の数が2個，つまり地球と太陽，あるいは地球と月だけの「二体問題」を考えるならば，問題は完全に解けて天体の運行はきれいな関数で表現され，未来永劫いかなる時間の位置も完璧に知ることができる。

　ところがそれに対し，地球・太陽・月の三つの天体の影響が絡み合う「三体問題」になるや，途端に問題は解けなくなってしまい，ニュートンから300年を経た努力の末にも，その天体の運行状態を示す解や関数はついに見つからなかったというのである。

　たった三つでもう駄目とは一体どういうことだろうか。他のいろいろな場所でこれほどまでに威力を示しているはずの数学が，こんな単純な問題に歯が立たず，それが300年の謎として横たわっていることに，当時の私は意外の念を禁じえなかったのである。

　もっとも，そう感じたのは何も私ばかりではあるまい。他

でもない,最初にこの問題にぶち当たった当のニュートンやオイラーなど自身が,最も意外の念を抱いたはずだったろう。天体力学はなぜこんなにも早く壁にぶつかってしまったのだろうか。そしてこんな単純な問題である以上,解けるにせよ解けないにせよその理由自体は単純に把握できるのが普通のはずなのに,なぜ解けない理由がそんなに難しくて簡単に手に入らないのだろうか？

彼らはいずれも,満足のいく答えを見つけられないまま世を去り,三体問題は腫れ物のように残ってしまった。しかし当時の数学者たちにとっては,別にこれにかかわらなかったとしても,他にやるべき仕事はいくらでもあり,これが解けなかったとしても別に数学そのものが瓦解するわけでもあるまいし,まあいつか何とかなるだろうということで,これを脇へ置いたまま数学は前進を続けていった。

さて時は過ぎて,現代である。最近の数学を巡る話題といえば,まずいわゆる「複雑系」に関することであろう。これはジャーナリズムでも採り上げられたため,それほど数学に詳しくなくとも話くらいは聞いたことがあるという人も少なくあるまい。

しかしこの複雑系というものは,何か話を聞いていると現代になって突如出現した新しいモダンな学問のようにも思えるが,実は必ずしもそうとも言えない。それというのも,ある意味で先ほどの300年前の三体問題こそ,人類と複雑系の問題との最初の接触なのだと言えなくもないからである。

そしてこのあたりには数学の業界の裏事情が絡んでいる。それというのも,ニュートン以来の解析学が三体問題という壁を迂回して進んで,当時はそれで良かったのだが,次第に

どこでもそれに似たような壁にぶつかり，解けない問題が増えるばかりで，まともに解ける問題がとうとうなくなってきてしまったのである。

そのため現代数学は昔迂回してきた壁にあらためて向き合わざるを得ない破目に陥ってしまい，とりあえず新しい小道具をいくつか導入し，パッケージを新しくしてそれを新しい学問として売り出そうというのが，いわゆる「複雑系」の本質なのである。

そうしてみると，今このような視点でこの問題を眺めてみることは，300年前からの謎と現在の話題を同時に視野に収められるということになり，絶好の観測点に立てることになる。

そしてそこに立って地平線の彼方を見渡したとき，そこに見えるのは単に現代数学がどうのこうのなどというレベルの話ではない。この300年，われわれが何を信じて何を築いてきたのかという，文明の営みそのものの姿がおぼろげに浮かび上がってくるのである。では以下にその一歩を踏み出してみよう。

どの一点から眺望を開いていくか

さてこういう大きな問題の眺望を開いていくとなれば，どこか絶妙な一点に単純で強固な指導原理を据え，そこを原点にすべての話ができるようにしておかねばならない。そして当然ながらそれは，三体問題と複雑系を同時に視野に入れられるようなものである必要がある。それをどうすべきかを，ここで少し考えてみよう（この部分は，一般の読者でも十分ついてこられるように配慮してあり，もしついていくために

多少の努力が必要だったとしても，必ずその数倍の成果が得られることはお約束する)。

　では一体全体どこから手をつけるかであるが，最初はとりあえずイメージをつかむため，天体よりも先にまず社会という身近な系を例にとって話を進めてみることにする。

　つまり社会という複雑な系が日々どういう具合に変動していくかという問題について考えていこうというわけだが，この問題は普通に考えたのでは少々複雑すぎるので，ここではそれを思い切って単純化し，社会の中の「職業集団」という要素に注目するという考え方でこれへのアプローチを行っていくことにしよう。

　つまりこの場合，社会全体の営みをもっぱら多数の職業集団同士の相互作用という観点から捉え，全体の動きをそれら多数の職業集団の動きに置き換えて表現してしまおうというわけである。

　実際，社会に存在するあらゆる職業集団を一つ残らず書き出して，それぞれの一日ごとの動きや変動を細大漏らさず表示していくならば，社会の基本的な動きは事実上そこにすべて表現されているとみて差し支えないであろう。つまりこの場合，それらの状態が一日一日どう推移していくのかを，それぞれについて見ていけばよいわけである。

　では次に，それら個々の職業集団のミクロ的な動きはどうすれば表現できるかであるが，ここでは「職業間の相互作用」というものに注目することでそれを試みることにしよう。つまりこの場合，ある職業集団が一日の間に他の職業集団から受ける作用を調べて，それらを全部合計していけば，その動きの表現ができると考えるのである。

例えば職業集団としてパン屋と鍛冶屋の二つに注目したとき，鍛冶屋がパン屋に与える作用としては，例えばパンを焼くかまどの部品を供給することなどが考えられ，それは次の図では相互作用の矢印 a として表されている。実際その供給を受けたことで，翌日のパン屋の状態は前日と比べて明らかに少し変化しているはずである。

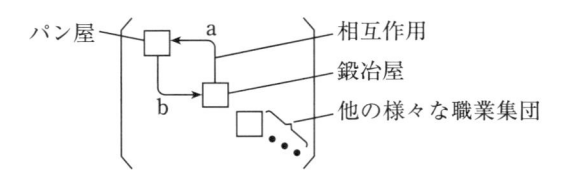

```
パン屋 ─┐ □ ← a ┌── 相互作用
        │       │
        │   → □ ├── 鍛冶屋
        b       │
            □  ├── 他の様々な職業集団
                ⋮
```

　逆にパン屋から鍛冶屋への作用 b は，例えば一日の鍛冶仕事のためのパンの供給などが考えられる。そして各職業集団は他のすべての集団からこのような多数の作用を受け，日々の活動を維持したり状態を変化させたりしていく。つまりこれらの作用を残らず書き出せば，原理的に社会を一日の間に動かす力をすべて表現できるはずである。

　ここで理系読者なら，われわれが一種の行列表現を指向していることはおわかりであろうが，ただここでわれわれはこれを普通と少し違うやり方でもう一ひねりし，全体の形を行列演算そのものに近づけていくことにする。

　つまり何をやりたいかというと，系や社会全体の1日分の変動を，ある行列を左から1回かける操作で表現できるようにする，要するに今日の各職業集団の状態を示す列ベクトルなり何なりに対して，ある特殊な行列を左から1回かけると，自動的に次の日の各職業集団の状態が求められるという形式にしたいのである。

やや長めの後記

　具体的には、まず各職業集団の今日の状態のデータを全部集めて縦一列に並べて列ベクトルの形にまとめておく。そして相互作用を表す量を何らかの形で1個の行列に表現したものを用意し、この行列を左から1回だけその列ベクトルにかけてやると、次の日の各職業集団の状態がやはり列ベクトル形式で表示されるようにするのである。

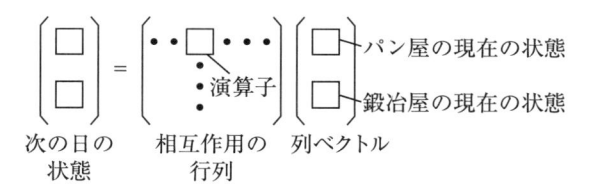

$$\begin{pmatrix}\square\\\square\end{pmatrix}=\begin{pmatrix}\cdots\square\cdots\\\cdot\text{演算子}\\\cdot\end{pmatrix}\begin{pmatrix}\square\\\square\end{pmatrix}\begin{matrix}\text{パン屋の現在の状態}\\\text{鍛冶屋の現在の状態}\end{matrix}$$

次の日の　　　相互作用の　　列ベクトル
　状態　　　　　行列

　そのためにはこの行列の一個一個の成分として次のようなものを考えればよい。それは、ある職業集団の現在のデータを入力してやると、先ほどのaやb（つまり他の職業への相互作用）の強さの値を表示してくれる一種の演算子であり、これを行列の中に縦横にずらりと並べてやる。

　つまりこのようにしてやって、そこに通常の行列の演算規則をそのまま導入すると、まず各職業集団のデータが次の図の①のように各演算子にインプットされていく。そしてそれらが表示した相互作用の値が、続いて②のように合計されることになる。

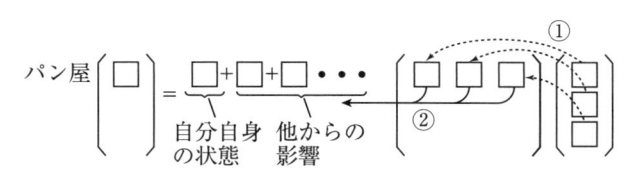

$$\text{パン屋}\begin{pmatrix}\square\end{pmatrix}=\underbrace{\square}_{\text{自分自身の状態}}+\underbrace{\square+\square\cdots}_{\text{他からの影響}}\quad\begin{pmatrix}\square\ \square\ \square\end{pmatrix}\begin{pmatrix}\square\\\square\\\square\end{pmatrix}$$

①
②

実のところこれはまさしくわれわれが求めているものにぴったりである。それというのも，ある一つの職業集団が一日の間に受ける作用は，他の集団から自分に及ぼされる相互作用を全部合計したものなのだから，例えばパン屋が受ける作用が示されるためには，とにかくパン屋に向かってくる相互作用演算子を残らず集めてこの行に並べておいてやればよいことになる。

　そして②で合計されるものの中には，1個だけパン屋自身の現状を示すものが含まれており（その意味などは次の天体に関する議論でもっとはっきりする），結局その合計値全体は，自分の現状に他からの一日の影響が全部加算されたものとなる。ところが良く考えると何ともうまいことに，実はこれはパン屋の翌日の状態そのものを表現したものになっているのである。そして他の集団についても同様のことを行えば，全ての職業集団の翌日の状態が縦一列にずらりと並んで示されることになる。

　さらに都合のよいことに，この結果の表示は前日と同様の縦一列の列ベクトル形式になってくれているので，今と同じことをもう一度繰り返せばさらに次の日の状態がわかる。つまりこの行列をN回かければN日後の状態が表示されることになり，結局社会全体の動きをこうしていくらでも追っていくことができるわけである。

天体への応用

　ところでこのようにすると，先ほどの懸案，すなわち三体問題と複雑系を同時に視野に収めるということの道が開けていることがおわかりであろうか。つまり三体問題の場合，今

やや長めの後記

と基本的に同じことを天体三つだけについて行えばよく，太陽・地球・月などの三つの天体の位置がどうなっていくのかを刻々と追っていけばよいのである。

そして一般に天体の運動を考える場合，要するに自分自身の慣性運動の分に他の二つの天体からの引力による変位を加えてやればよいのだから，やはり話は先ほどと基本的に同じことになり，例えば月の1時間後の位置は，月自身の慣性運動による1時間後の予定位置に，地球と太陽の引力による変動分をそれぞれ加えてやればよい。

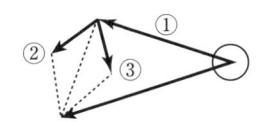

①月の慣性運動による予定位置
②地球の引力による変動
③太陽の引力による変動
合計（1時間後の月の位置）

つまりまず三つの天体の位置データを縦に並べた列ベクトルを作り，そしてこれにかけていく行列の中身も先ほどと同様，各天体の位置を入力すると引力相互作用の大きさを表示してくれる演算子を縦横に並べたものとする。

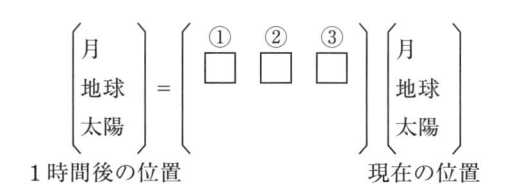

$$\begin{Bmatrix} 月 \\ 地球 \\ 太陽 \end{Bmatrix} = \begin{pmatrix} ① & ② & ③ \\ \Box & \Box & \Box \\ & & \end{pmatrix} \begin{Bmatrix} 月 \\ 地球 \\ 太陽 \end{Bmatrix}$$

1時間後の位置　　　　　　　　　　現在の位置

そしてこれを列ベクトルに1回かけてやれば，①が月自身の慣性運動の分，そして②と③がそれぞれ地球，太陽の引力変位の分で，それらが加算されたものが出てくるため，結局

239

1時間後の各天体のデータが求まるのであり，さらにこれをどんどん繰り返していけば，三つの天体の位置を追っていくことができるというわけである。

なおこの例では時間のスケールを1時間や1日などにとったが，もしもっと精密に調べたい場合には時間分割をもっと細かくとって，行列をかける回数もその分だけ増やしてやればよく，そしてその極限をとれば連続化して考えることができる。このように三体問題と複雑系は，いずれも基本的にこのような行列のN乗形式でその動きや時間経過を表現していけるということはおわかりいただけたであろう。

表現がやりにくいときの修正法

ところで話が前後するが，読者の中には特に先ほどの社会の表現などの場合，単に職業集団同士の相互作用を考えただけでは不十分で，他の様々な社会的要素の影響も補正要因として考慮しなければ正確な表現はできないはずだと思われた方もあるかもしれない。

確かにそれはその通りなのだが，しかしそういう場合の修正は容易であり，この場合それらの補正要因自体も，職業集団などと並べて列ベクトルの中に書き込んで系を構成する要素の一つとして扱い，あらためて系全体をそれらの相互作用を含めたもっと大きな行列で書き直してやればよい。

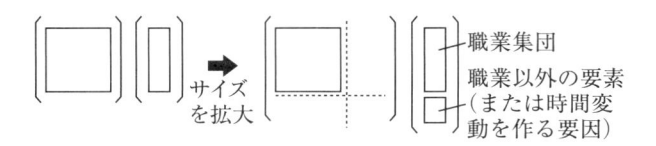

つまり一般に何か表現上の問題が起こった場合，行列や列ベクトルのサイズに糸目をつけずどんどん拡大して補正要因を書き込む場所を作っていけば，問題となる要因は大抵その中に吸収してしまうことができるわけで，その方法は次のような障害に対しても有効である。

例えば先ほど，同じ行列を何度も繰り返しかけていくことで天体や社会の動きを追っていくという話があったが，この場合本当はその行列自身の内容も時刻によって刻々と変動していくのが普通であり，そうなると毎回違う行列を用意してかけていかねばならず話がややこしくなってしまう。

しかしこの場合，そういう邪魔な変動要因を作り出す部分を系の中から探し出し，そこをラジオの分解よろしくどんどん部品にばらしていけば，いつかはすべての部品が一定の単純な反応しか示さないところまでいくはずである。

そのためあらためてその部品を構成要素と考えて，系全体をそれを組み込んだもっと大きな行列に書き直してしまえば，その新しい行列（時間変動なし）は全回共通で使えることになる。つまりこういう場合も含めて，とにかく行列のサイズが無闇やたらと大きくなっていくことに目をつぶりさえすれば大抵の障害はこうして解決でき，最終的には天体であれ社会であれ，その動きをこうした行列のN乗形式で表現できることになるわけである。

もっとも，これはただ形式的にこのような形に書いたというだけの話であり，今さらこの程度の道具を使って具体的に問題を解こうなどという下手な考えを起こしたところで，かえって手間が増えるあたりが関の山であろう。ところが，である。

ツールに秘められた力

ではここまでの話をちょっと整理しておこう。つまりまず物事や要素の間の相互作用を演算子の形ですべて書き出して，それらを縦横に並べた大きな行列を作り，それを今の状態を示す列ベクトルに1回かけると，今よりもほんの僅か時間が経過した後の状態がわかるようにしてやる。

そしてこれを連続的にかけていくことで，天体や社会の動きを追っていけるというわけだが，もっと大きく言えば，もしここで宇宙や世界に存在するあらゆる要素を残らず書き出してこのような行列を作ると，実はこの巨大な行列は宇宙や世界そのものを原理的に表現しうるのである。

実際そのようにして作った相互作用行列を A，宇宙の最初の状態を列ベクトル x_0 としてやったとき，A を何度も繰り返しかけて（つまり $A^N x_0$ という量を求めて）やれば，どれだけ時間が経過した未来の状態も求めることができる。

逆に A の逆行列 A^{-1} を考えた場合，それを1回かけると今の操作を1個元へ（つまり過去へ）戻すことができ，それを繰り返せば過去の状態も知ることができる。つまり宇宙の中に存在するあらゆる要素について，その未来も過去もそれによってすべて表現できることになり，「原理的に宇宙そのものを表現できる」というわけである。

$$\left(x(t)\right) = \left[A\right]^N \left(x_0\right) \qquad \left[A^{-1}\right]\left[A\right]^N \left(x_0\right) = \left[A\right]^{N-1}\left(x_0\right)$$

<u>A^{-1} を1回かけると過去へ戻る</u>

そこで，この行列に名前を与えておこう。ここで導入した行列 A を，この本では以後「作用マトリックス」と呼ぶこ

とにする。つまりある系は、この作用マトリックスさえ与えられれば原理的にその振る舞いのすべてを表現できるという話になる。

そしてこのようにして作られる $A^N x_0$ という量についてその性質を調べようとする場合、x_0 を省いて A^N の部分だけを調べても大抵の議論はできてしまうので、以下の議論でも基本的にそのやり方をとることにする（なお、これはむしろ理系読者に注意しておきたいが、一般にマトリックスの概念を用いること自体は割合ありふれたことである。しかしここで導入したものは、それらの大部分とは表面的には似ているがよく見ると根本的に違うものなのであり、うっかりそれらと似たようなものだと錯覚しているとかえって理解に困難を来す場合があるので注意されたい）。

デカルト的合理論の限界証明

さて普通に使ったのでは図体が大きすぎてかえって不便なこのツールであるが、使い方次第では意外な威力を見せることになるのである（そしてこのあたりから、われわれの議論そのものも少々思わぬ展開を見せることになる）。

ではその意外な使い道とは何かと言えば、それはこれが、人類が近代以来信じてきた分析主義的手法などの限界がどこにあるかを数学的に示すことに使えるということである。

思い起こすとデカルト以来（たとえデカルトの名を知らない人でも）、近代人のほとんどは次のことを確信してきた。それは、われわれが「分析」とか「専門」とかの単語を日常的に使っていることでもわかるように、およそこの世界では物事を知ったり扱ったりするための最良の方法とは、それを

扱い易いようにいくつかの部分・部品や専門分野に分割して，それらを別々に作ったり調べたりして，最後にそれらをつなぎ合わせて統合するという手法だということである。

ではこれを作用マトリックスの考えで表現してみよう。例えば数百個の要素から成っている系やシステムを完全に「専門的に」10個ぐらいの班で分けて扱う場合，当然ながら各専門班はそれぞれ数十個ぐらいの要素を部屋に持ち帰って別個にその振る舞いを調べることになる。

ここで問題になるのは，その際に各班が研究室の中で作ることになる作用マトリックスのサイズである。例えば社会などの動きをこのようなやり方で調べたり予測したりする場合，経済専門家は基本的に経済の要素のみ，軍事専門家は軍事の要素のみの情報しか部屋に持ち帰らないため，当然自分のところでは作用マトリックスもそれに応じた小さなものしか作りようがない。

そのためこのような場合，実際に何が行われているかというと，実は1/10のサイズの小行列10個を作ってそれぞれを別個にN乗し，後で皆がその結果を持ち寄って単純に並べてしまっているわけである。

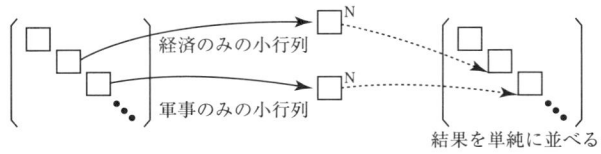

デカルト以来の「分析」の考え

これはある意味で近代的（デカルト的）手法の本質であり，大体において19世紀以来人類が「合理的手法」という

やや長めの後記

ものを使っている時,実は無意識のうちに大なり小なりこういうことをやってきていると言っていい。

ところがここで,作用マトリックスは思わぬ盲点を明るみに出すことになる。それは一般の線形代数の基本法則として,このように行列をいくつかの小行列に分割して別々にN乗し,後でつなぎ合わせて統合しても,その結果はもとの大きな行列をN乗した場合と全然違ってしまうのである。そしてそれが一致する例外的な場合とは,小行列同士の相互作用成分が全部ゼロである場合だけなのだということである。

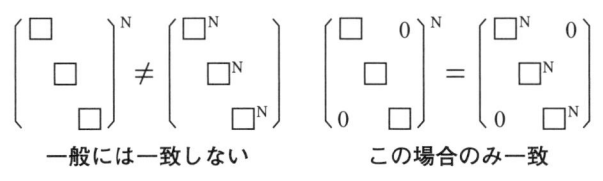

$$\begin{pmatrix} \Box & \\ & \Box \end{pmatrix}^N \neq \begin{pmatrix} \Box^N & \\ & \Box^N \\ & & \Box^N \end{pmatrix} \quad \begin{pmatrix} \Box & 0 \\ 0 & \Box \end{pmatrix}^N = \begin{pmatrix} \Box^N & 0 \\ 0 & \Box^N \end{pmatrix}$$

一般には一致しない **この場合のみ一致**

これはよく考えれば何とも単純で当たり前のことではあるが,しかしもし作用マトリックスがその気になれば「原理的に宇宙そのものを表現できる」となると事は重大である。なぜならこれは単純だが逆に言えば非常に根本的だということであり,これよりも複雑なものすべてがその土台からしてこの法則から逃れられないことになるからである。

つまりツールに秘められた力とはこのことで,これは「不可能」を示すことに使った場合,しばしば絶大な威力を発揮しうることになる。そしてデカルト以来の要素還元的な「専門化」や「分析」という近代の大前提が,宇宙の根本原理からして極めて限られた例外的状況にしか使用できないはずのものだったということが,こんな簡単な式の中に示されてしまうという,意外な事実がここにあるのである。

天体力学の幻惑

 どうもこうなってくると、話は単に複雑系などという範囲には収まらず、もっととんでもないところまで広がりを見せそうな気配であるが、ともあれそのように、もともとゼロ成分が多く含まれていてN乗に関する分割可能性が仮定されている系である限り、基本的にすべてをデカルト的手法で解決することができて、複雑系の泥沼に足をとられることもないわけである。逆に言えば、それがすべての場合に無条件でできると錯覚したことが、近代そのものの大きな盲点だったとも言えるだろう。

 しかしこれを聞かされても、いきなりのことでまだ少し釈然としない読者もあるかもしれない。第一、こんな単純な罠に皆でひっかかるほど近代人の頭脳はたわいないものだったのだろうか？ しかしその単純な錯覚を起こさせた一番の犯人こそが天体力学だったのではないかというのが、ここでの議論の一つの本質なのであり、だからこそ三体問題の話が重要になってくるというわけなのである。

 さてその天体力学だが、考えてみると太陽系は多くの天体で構成されていて、本来それらの運動はすべての天体の引力が複雑に絡み合った、三体問題以上に複雑な多体問題として考えねばならない。つまり本来ならお手上げの問題のはずだったのだが、太陽系の場合、一つの特殊事情があった。すなわちそこでは太陽の引力だけが突出して大きいため、他の惑星が発生する重力の影響はほとんどゼロと見なしても良かったのである。

 つまりこれは作用マトリックスで書くと次のようになるが、ここでも行列の基本法則は重要なことをわれわれに伝え

ることになる。

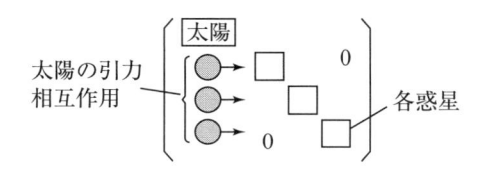

太陽の引力
相互作用 → 太陽 → 各惑星

それは，実はこれは系をばらばらに分割して後で統合しても答えが一致する特殊なパターンの一つなのであり，要するに太陽系の場合はちょうどそれが可能な特殊ケースだったのである。実際，一般に行列を下の図のようにいくつかの2行2列の小行列に分解して各個にN乗しても，その値はもとのN乗と一致することになる（確認したい読者はコラムを参照されたい）。

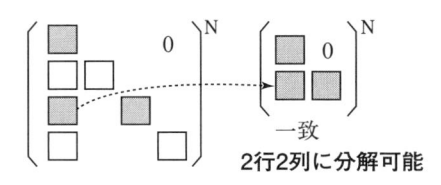

2行2列に分解可能

つまりこれは問題を二体問題に分解できることに他ならず，このメカニズムゆえに天体力学は当面，三体問題を迂回して話を進めていくことが可能だったわけである。そういった意味ではこの話は，ある意味で三体問題の本質について知るための一種のプロローグと言ってもよいのだが，このことの意義はそれに留まらない。

それというのもこの後記の最初で，三体問題こそ人類と複雑系の最初の接触であったと述べたが，三体問題が当面迂回できるとなれば，それら全部が右へならえで迂回されること

になり、そしてもし当時それが容易にできたことが、先ほどの錯覚の発生に決定的な影響を与えてしまっていたとすれば、三体問題は文字通りその問題の発生点を俯瞰できる位置を占めていることになるからである。

　実際ここで、当時の天体力学がもっていた意味や影響力というものについてあらためて考えてみると、このことがその後の人類の運命を大きく狂わせていったとしても、さほど不思議なことではないと言える。

　何しろ天体力学は、それまで神の住まう場所とされていた天に人類が切り込み、その運行を単純な数式一つで解き明かすことに曲がりなりにも成功したのであり、まさに当時の人類の知性が到達した最高の精華というべきものであった。

　そのため当時の知識人たちは誰も彼もがその壮大な調和に圧倒され、この手法こそ天体と言わず世界そのものを解き明かす究極の鍵であるとの確信ないし錯覚を抱いてしまったことはまず間違いない。

　実際こんなものを目の前に突き付けられたとき、まさか天界の問題よりもむしろ卑近な地べたの人間社会などを解析するほうがよほど難しいなどとは当時の人々にはちょっと想像できないことではあったろう。

　そのようにして彼らは太陽系の見せかけの調和に幻惑されて、この世界全体が一種の「調和的宇宙＝ハーモニック・コスモス」であると錯覚するに至り、その後はもう天体と言わず社会全体にそれを無制限に拡大解釈して、片っぱしからその分割主義の適用を始めてしまったのである。

　そう考えると、この後記の冒頭で述べたこと、すなわち三体問題という観点から眺めると文明の営みそのものの姿が地

平線から浮かび上がってくるという話も，あながち誇張とも言えなくなってくることがわかるであろう。

まとめ

ではとりあえず以上をここでまとめておこう。

①天体や社会などの動きを記述したいとき，それらの相互作用を成分とする行列を作り，それを今の状態に1回かけてやると少し後の状態がわかるようにしてやる。この行列を作用マトリックスと呼び，そしてこのN乗によって原理的に宇宙そのものを表現することができる。
②ところが，一般に行列の基本法則として，それを部分に分けてから何乗かしたものをつなぎ合わせても，元のものとは一致しない。要するにそれは「部分の総和は全体に一致しない」ということの証明なのであり，これを用いると，デカルト以来の還元主義的方法論の限界がどこにあるかを示すことができる（そういった意味ではこれは複雑系というよりむしろ「ホーリズム＝全体論」の数学的基礎だと言ったほうが適切かもしれない）。
③ただしそれが一致する特殊なケースがいくつか存在し，そして太陽系の場合がたまたまそういう分割可能なケースであったことが，ひいては世界全体がそういう「ハーモニック・コスモス」になっているとの錯覚の源となって，いろいろな場所に影響を与えている可能性がある。
ということである。

さてそうした影響がどんなものだったかについての話は後

に第3節でまとめて行うこととして，それでは次に，いよいよ三体問題がなぜ解けなかったのかという謎に本格的に切り込んでみたい。この部分は必ずしもそう難解ではなく，特別な予備知識もほとんど必要ないが，それでもある程度じっくり取り組むことが必要であるため，別に三体問題の中身にまでは特に立ち入る必要はないと思う読者は，この部分は後回しにしてとりあえず270ページまでジャンプするのが良いだろう。

コラム 「部分の総和が全体に一致しない」ことの基本論理

この部分は，245ページで述べた「部分の総和が全体に一致しない」という論理の基礎パターンを，誰でもわかるよう数学パズルのような形で述べたものである。

そのためここは，数学から長いこと遠ざかっていたため行列の演算規則などをすっかり忘れてしまった読者，あるいは行列などと言われても頭にイメージが作れないという文系読者のために書かれており，特に後者の読者にとっては，ほんの10分ほど時間を割いてパズルのつもりでここにお付き合いいただくことは，大学の教養課程で1年間，難解な数学の講義を受講することを遥かに上回るだけのものを得られることは保証する。

1. 分割できるパターンとできないパターン

まず最初は，本文で最も重要になったこと，つまりどういう場合ならば行列の分割ができるのかが端的に現れている計算例を，行列計算の復習も兼ねて見てみよう（なお面倒なことを考えるの

やや長めの後記

が嫌な一般読者などは、ただ□の部分をパズルの要領で推理して埋めていくだけで、話の要点を自然に理解できるはずである）。

次の場合、①が分割可能なケース、②が分割不可能なケースであり、前者の場合は点線の部分を抜き出して a, b という小行列を作り、それらを別個に2乗（N乗）していくことができる。

① $\begin{pmatrix} 3 & 2 & 0 \\ 1 & 5 & 0 \\ 0 & 0 & 4 \end{pmatrix} \begin{pmatrix} 3 & 2 & 0 \\ 1 & 5 & 0 \\ 0 & 0 & 4 \end{pmatrix} \quad \left(= \begin{pmatrix} a & 0 \\ 0 & b \end{pmatrix}^2 \right)$

$= \begin{pmatrix} 3\times3+2\times1+0\times0, 3\times2+2\times5+0\times0, 3\times0+2\times0+0\times4 \\ 1\times3+5\times1+0\times0, \boxed{}, \cdots \\ 0\times3+0\times1+4\times0, 0\times3+0\times5+4\times0, \cdots \end{pmatrix} = \begin{pmatrix} 11 & 16 & 0 \\ 8 & 27 & 0 \\ 0 & 0 & 16 \end{pmatrix}$

$(a)^2 = \begin{pmatrix} 3 & 2 \\ 1 & 5 \end{pmatrix}\begin{pmatrix} 3 & 2 \\ 1 & 5 \end{pmatrix} = \begin{pmatrix} 3\times3+2\times1, 3\times2+2\times5 \\ 1\times3+5\times1, \boxed{} \end{pmatrix} = \begin{pmatrix} 11 & 16 \\ 8 & 27 \end{pmatrix}$

$(b)^2 = (4)(4) = (16)$

② $\begin{pmatrix} 3 & 2 & 1 \\ 1 & 5 & 3 \\ 2 & 1 & 4 \end{pmatrix} \begin{pmatrix} 3 & 2 & 1 \\ 1 & 5 & 3 \\ 2 & 1 & 4 \end{pmatrix} = \begin{pmatrix} 3\times3+2\times1+1\times2, 3\times2+2\times5+1\times1, \cdots \\ 1\times3+5\times1+3\times2, \boxed{}, \cdots \\ 2\times3+1\times1+4\times2, 2\times2+1\times5+4\times1, \cdots \end{pmatrix} = \begin{pmatrix} 13 & 17 & 13 \\ 14 & 30 & 28 \\ 15 & 13 & 21 \end{pmatrix}$

このように①の場合には a, b を別個に2乗（N乗）してはめこんでも結果はオリジナルの2乗と同じになるのに対して、②の場合には a, b 以外の部分がゼロでないので結果が全然食い違ってくることがわかる。

つまり「部分の総和は全体に一致しない」わけで、これこそ、近代人の錯覚の源を作り出したパターンなのであり、文系読者はこれさえわかればもう十分と言ってよいだろう。

2. 太陽系型のパターンの場合

本文で重要になったもう一つのパターンとして、太陽系のよう

に相互作用が太陽から惑星への各1本ずつだけになっている場合でも，やはり分割が可能である．それは次の例題と同等であり，次のようにして作った各小行列を2乗，3乗して結果をはめ込んだものがオリジナルと一致するかどうかを見れば良い．

$$\begin{pmatrix} 3 & 0 & 0 \\ 4 & 2 & 0 \\ 1 & 0 & 5 \end{pmatrix} \begin{pmatrix} 3 & 0 & 0 \\ 4 & 2 & 0 \\ 1 & 0 & 5 \end{pmatrix} = \begin{pmatrix} 9 & 0 & 0 \\ 20 & 4 & 0 \\ 8 & 0 & 25 \end{pmatrix}$$

$$\begin{pmatrix} 3 & 0 \\ 4 & 2 \end{pmatrix} \begin{pmatrix} 3 & 0 \\ 4 & 2 \end{pmatrix} = \begin{pmatrix} 9 & 0 \\ 20 & 4 \end{pmatrix}$$

$$\begin{pmatrix} 3 & 0 \\ 1 & 5 \end{pmatrix} \begin{pmatrix} 3 & 0 \\ 1 & 5 \end{pmatrix} = \begin{pmatrix} 9 & 0 \\ 8 & 25 \end{pmatrix}$$

この場合，左上の頂点の成分だけを共有する2行2列のいくつかの小行列に系を分解してN乗しても，もとのN乗と結果が一致することがわかる．

2 三体問題の秘密の扉

三体問題の第一の鍵——対角化

さてそれではわれわれの手元にあるこの道具を使って、いよいよ三体問題がなぜ解けないかの秘密に直観的に迫ってみることにしよう。

先ほどまでの議論では、行列の分割可能性の部分が話題になっていたが、ここからは行列のもつもう一つの大きな側面である「対角化」という部分が主役を演じることになる。

一般に多くの行列は、対角化という操作を行うことができる。つまり多くの行列は、適当な操作を施すことによって「対角行列」、すなわちその成分が、左上から右下への1本の対角線上に並んでいるものを除いてすべてゼロという行列にすることができるのであり、その操作が「対角化」である。

そしてここで最初にずばり結論を言ってしまおう。すなわち天体力学などにおいて、ある問題が「解けるか否か」とは、要するにその作用マトリックスが対角化できるか否かの問題に還元できると考えられるのである。そして天体力学の場合、二体問題の作用マトリックスではそれができるが、三体問題の場合にはそれができないのである。

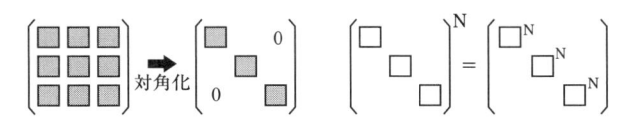

ではこのことがどうして重要なのだろうか。それは(以前

の話と同様）これらをＮ乗する時のことを考えればすぐにわかる。つまり一般に，普通の行列はそれを何乗かする際にとにかく大量の手間が必要になるものだが，このように成分が対角線上にだけ並んでいる「対角行列」の場合，その中身を直接別個にＮ乗して書き並べてしまえば，それだけで行列全体のＮ乗が計算できてしまうのである。

そのためこれができれば話がどれほど楽になるかしれないが，線形代数つまり中身の成分がただの数の場合には，それを行う一般的な手法がすでに確立されている。

すなわちそれによれば，一般に行列はそれぞれ「固有値」といういくつかの数値をもっているが，それを求めて単純に対角線上に並べれば，それだけで対角行列 Λ というものを作ることができる。そしてもとの行列 A との関係に関しては，ある P という行列がこのとき一つ定まり，P とその逆行列 P^{-1} を用いて

$$A = P \Lambda P^{-1} \qquad \Lambda = \begin{pmatrix} \lambda_1 & & & \\ & \lambda_2 & & \\ & & \ddots & \\ & & & \lambda_k \end{pmatrix} \bigg\} 固有値$$

と書けるという，何やら込み入った巧妙な話になっているが（これについての具体的なことは第3章を参照されたい），とにかく線形代数の場合にはこうした「対角化」という作業を行うことが一般的に可能である。

具体的に P などという量がどう決まるかなどの話は，当面ここでは必要ないので省いてしまうが，ただここで重要になるのは，それらが二つ隣り合って PP^{-1} や $P^{-1}P$ などのように並んでくっつくと消えてしまうということである（ただし行列演算では一般に並べ替えは効かないので，間に何か邪魔

物が挟まっていたりすると駄目である)。

つまりもしAが$A = P\Lambda P^{-1}$と書かれていたならば、これのN乗は

$$A^N = \underbrace{P\Lambda P^{-1} \cdot \overbrace{P\Lambda P^{-1}}^{消える} \cdot P\Lambda P^{-1} \cdots P\Lambda P^{-1}}_{N個} = P\Lambda^N P^{-1}$$

となり、隣り合った$P^{-1}P$がほとんど(両端の1個ずつを除いて)消えてしまい、計算の楽な対角行列のΛ^Nだけが残って、計算の手間は比較にならないほど簡単にできる。とにかく「対角化」ということさえできれば、こういうことが可能になるのである。

そして、この話を線形代数ばかりでなく、もっと抽象的な演算子で成り立つ作用マトリックスにも移植して使ってしまおうというのが、以下の話の中核となるアイデアであり、これがいわば三体問題の秘密の扉を開く第一の鍵である。

第二の鍵——「モグラ叩き効果」

どうしてこの対角化ということが「解ける」ことと同じだと言い切れるのかに関しては、まだ少し釈然としない読者もあるかもしれない。そういう方は、電子版ファイル1の「微分方程式の対角化解法」の項で実例をご参照いただけるので、今はとりあえずそれを信用して先へ進んでいただきたい。

もっともそうは言っても、線形代数はかなり特殊なケースだからこういうことができたのであり、これを思い切り抽象化した作用マトリックスの場合、それらはほとんど使用できなくなる。そうなってくると、どうやれば対角化ができるの

かはもう皆目見当がつかず，三体問題の秘密の鍵には一見とても手が届きそうにない。

ところが意外にもその鍵は，思いもかけず近いところにある。つまりそのからくりにおいては，数学的に難しい部分はあまり本質的な役割を演じているわけではなく，むしろもっと遥かに単純な仕掛けが，難しい部分のずっと手前に立ち塞がってしまって，そちらが本質的な障害となってしまうからである。

ではその単純な仕掛けとは何かであるが，一般にこの種の問題に取り組む際，一種「モグラ叩き効果」とでも呼ぶべき忌々(いまいま)しい現象に悩まされることがしばしばある。

ここでちょっと昔懐かしいルービック・キューブを思い出していただきたい。読者の中には最初この種のゲームを手にしたとき，まず最初に1つの面の色だけを完全に揃えてしまい，それから次の面に取り掛かって次々に片付けて行こうとして，結局うまく行かなくなってしまったという経験をお持ちの方があるかもしれない。

実際そのようなやり方では，新しい面に取り組んでいる途中で，せっかく前にきれいにしておいた面が崩れてしまい，そこへ戻って直すと今度は別の面が駄目になり，といった具合に，まるでモグラ叩きのように障害が思わぬ場所に次から次へと顔を出して，きりがなくなるのである。

そして作用マトリックスの場合，これと同様のことが対角化の過程，つまり成分を次々に消してゼロにしていこうとする作業中に起こってしまう。つまりせっかく成分の一つを消去しても，次に別の成分をゼロにして消去しようとしたとき，その作業の波及効果がさっき片付けたところに及んでそ

こが再びゼロではなくなってしまうということが後から後から起こり，結局マトリックス中を走り回ってモグラ叩きをして回ったあげく，最後まで対角化ができないということがよく起こるのである。

そしてこのことがまさしく三体問題の場合に障害の一つとして現れてくるのであり，これがその秘密の扉を開ける第二の鍵である。

消去ができる場合とできない場合

振り返って見ると線形代数の場合は，なぜかこういう現象に悩まされることはあまりなかったが，それがなぜだったかを考えると，実はそれが特殊な幸運の故であったことがわかる。一般に線形代数では式や行列をきれいにしていく際に，別の式をk倍して加えるということを繰り返すことで次々に項や成分を消去していくが，この「式全体をk倍する」過程では，有り難いことにさっき消してゼロにした部分がそのままになってくれるため，加法と乗法の二つの操作をうまくハサミのように使って次々に消していける（ゆえにこそ「線形」なのである）ことになる。

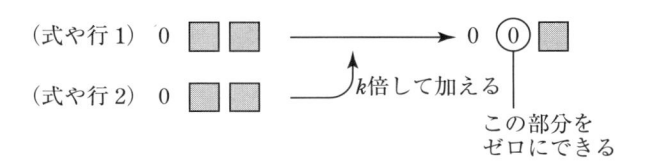

（式や行1） 0 ■ ■ ⟶ 0 ⓪ ■
（式や行2） 0 ■ ■
　　　　　　↑k倍して加える
　　　　　　　　　　　　　この部分を
　　　　　　　　　　　　　ゼロにできる

ところが成分がもっと抽象的なものだった場合にはそんなことは夢物語に近く，ほとんどあらゆる場合に執拗なモグラ叩き現象に悩まされてしまう。実際こういう場合，その宿命

から逃れる道は極めて限られている，というよりそれができるのはむしろ特殊例で，一つの操作で2個の項や成分を同時消去できるという，稀な幸運に連続的に恵まれる場合を除けば，基本的にそれは出来ないものと考えたほうが良い。

こうしてみると，二体問題に比べて三体問題がどれほどハンディを負っているかがわかろうというものである。つまり2行2列の前者では成分2個を消去すれば良いのに対し，3行3列の後者だと成分6個を消去せねば対角化できない。

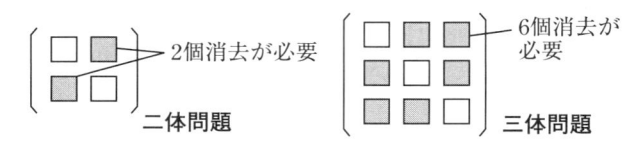

こういう場合，この2個と6個の差が時に天と地の開きとなって現れたとしても不思議ではない。そして三体問題の場合，まさにそれが問題の本質となって現れてくるのである。

第三の鍵——知恵者の家来の寓話

さて以上のように，もし二体問題の作用マトリックスが対角化できるのに対し，三体問題の場合は「モグラ叩き効果」に邪魔されてそれができないとするならば，確かにそのN乗の形で軌跡を追っていく場合に，前者の計算の手間は比較にならないほど簡単にできることになり，これが「解ける」「解けない」の差になるわけである。

しかし，と読者は疑問に思われたかもしれない。なるほど両者の手間の差は大変といえば大変だが，しかし見方を変えれば，たとえ前者が簡単といっても，正確に値を求めようと思えばどのみち極限をとって無限回の計算を行わねばなら

やや長めの後記

ず，人間の手に負えないという点に変わりはない。

そう思うと後者の手間といえどもたかだか数十倍になるぐらいなら，その程度の差で前者を「解ける」，後者を「解けない」と線を引いてしまうのはいかがなものだろうか。

ところがもし読者がそう思われたとしたならば，それは実は一つの錯覚なのである。そしてその錯覚は，ちょうど次の寓話に似ている。

それは東洋にも西洋にもある次のような王様と知恵者の家来の話で，昔ある王様が知恵者の家来に褒美を与えようと思い，何を所望するかを問うと，その家来は意外にも欲しいのは銅貨たった1枚だと言うのである。

ずいぶんちっぽけな要求だと不思議がる王様に対して家来は続けて，ただしそれは最初の日の分で，次の日には2枚，その次には4枚と，日を追うごとに2倍，2倍としていただき，1ヵ月ほどそれを続けていただければ結構だという。

まあそれにしても大したことはないと思った王様は，気安くそれを受け入れるのだが，何週間かすると，国庫のほとんどをその家来にもっていかれていることに気づいて大慌てするという，例の話である。

これは 2^N の威力（つまり算術級数と幾何級数の実力差）がどの程度であり，またそれを人がいかに錯覚しがちかを示す話として昔から知られているが，実はもし先ほど読者が二体問題と三体問題の手間がどうせ結局は似たようなものではないかと思われたとしたなら，読者はこの王様と同じ錯覚を犯してしまっていることになる。

なぜなら一見似たように見えはするものの，前者つまり対角化できる場合その手間はたとえ極限をとっても基本的に算

259

術級数レベルに収まるのに対し、後者のように対角化できない場合、その手間は幾何級数レベルに膨れ上がってしまうからである（実際、対角化できる場合にはN乗の際の手間はせいぜいN回のオーダーなのに対し、対角化できずまともにやる場合には手間は3行3列の場合だと3^N回のオーダーになってしまう）。そしてこれが、三体問題の秘密の扉を開ける第三の鍵なのである。

三体問題の中の無限大

経験のある人にはこの手間の差は実感として理解できると思うが、実を言うとこの話は数学的にはもっと奥が深い。それはこの宇宙にある無限大というものには実は階級やレベルがあって、その線引きがちょうどここに現れているからである。

以下は、あまり深く突っ込むと禅問答じみたややこしい話になるので、ここでは理由を抜きに単に一つの知識として記憶していただきたい。それは、一口に「無限」といってもそれは「数えられる無限」と「数えられない無限」に分かれているということであり、それを分ける線が基本的に自然数と実数の間に引かれているということである。

そして前者の「数えられる無限個」は一般に「可算無限個」と呼ばれており、要するにこの宇宙に自然数というものが一体何個あるのかと問われたとき、それは一応無限個ではあるが、ただしこちらの「可算無限個」である。

それに対して、実数は宇宙に一体何個あるのかという問いに対しては、それは（その中に含まれる大量の無理数のため）「数えられない無限個」になってしまうとされ、こちら

やや長めの後記

は「非可算無限個」と呼ばれている。

　もっともその理由に関するややこしい話には数学者といえども普段は滅多に立ち入らず、要するに宇宙に存在する自然数の個数を N としたとき、実数の個数は 2^N 以上のオーダーになって、前者は可算、後者は非可算ということだけを覚えて使っている。

　そのため読者もここでは、とにかく 2^N とか 3^N とかの量が出てくると「非可算」になるということさえ覚えておればよいのだが、実はこれはまさに先ほど問題となったマトリックス計算の手間の話そのものであることはおわかりであろう。

　そしてそう考えてみると、この禅問答じみた話の意味も馬鹿にならない。それはわれわれが何の気なしに「無限の時間をかけて計算する」と言ったとき、その「無限」は一体どっちを指していたのかということである。

　その答えは前者すなわち自然数と同じ可算の側である。考えてみればそれは当然で、時計とか計数器とかの目盛りの終点は基本的に自然数で表示されているのだから、それを単純に極限化して考えた「無限時間・無限回」などはすべてこの可算無限の範囲にある。それに比べると実数のような非可算無限個は、数学者の頭の中だけに、しかも遥かに抽象化された形でしか存在しない（本当のところ、われわれが日頃「実数」だと思っているのは、実際には小数点以下がどこかで打ち止めの「実数らしく見せた有理数」に過ぎないのである）。

　だとすれば先ほどの疑問、すなわち「二体問題が対角化で簡単になるといっても、どうせ無限回の計算をやらねばならないという点では大した差はないではないか」というものは、実は思いも寄らず鋭いところを突いていたことになる。

つまりわれわれがある問題の解を指数関数や三角関数で書き下して「解けた」といって喜んでいるとき、なるほど最後に数値を求めるについてはどのみち電卓のほぼ無限回の演算のお世話にならねばならない。ただ、そのほぼ無限回の演算を実行させるについては、電卓の粗雑な単細胞頭脳でも十分できるように、それ以前の難しい作業を全部人間が紙と鉛筆ですませており、後は実行のキーを一個押せばそれでいくらでも無限回に近く作業を繰り返してくれる。

そして $A^N = P\Lambda^N P^{-1}$ のうち計算機が必要な Λ^N の部分は、あらゆる初期値について共通使用可能、つまり天体の質量や最初の位置が違う場合には P や P^{-1} の部分だけを変えればよく、そこを人間が手で直接いじることでいろいろな問題に答えられる。

$$\left(A\right)^N = \overbrace{\left(P\right) \underbrace{\left(\Lambda\right)^N}_{\text{あらゆる初期条件について共通使用可能・演算回数は可算}} \left(P^{-1}\right)}^{\text{初期条件が違う場合ここだけを変える}}$$

また仕上げの計算の「無限回」は、可算個を意味しているから、無限に計算時間があれば時間内に確実に実行できる。ところが対角化できない場合、原理的にそのいずれもができないことになるわけである（もっとも、やや皮肉だが現実の数値計算では本物の「実数」が数値としてインプットされることはあり得ないので、このことは滅多に本質的困難とはならず、単に計算の手間の面での量的困難として現れるに過ぎないが）。

実のところ18世紀ごろの数学者は、背後にこうした問題

やや長めの後記

が居座っていることを直接的には気づいていなかったかもしれない。しかし彼らは本能的にこういう大きな違いの存在を感じ取って、「解ける」ことと「解けない」ことの区分を正しく判別していたようである。

可算と非可算のパターン

ところでこの部分の仕上げとして、次の話は少し必要になるので見ておこう。それはNが可算無限、2^N や 3^N が非可算無限であるというのは良いとして、それではその中間、つまり恐らく前者よりは大きいが後者よりは小さいであろう N^2 とか N^3 という量はどちらに属するのだろうかということである。

これについても結論だけを言えば、これは自然数と同じく、数えられる「可算無限」に分類される（そしてこれはほぼ有理数の個数に対応すると思ってよい）。

つまり実数だけが非可算ということになり、そのためNや N^2 のようにとにかくNが下にある限りは可算、2^N のようにNが肩に乗ってしまえばそれを超越するのであり、線がここに引かれると覚えておけばよい。

それではここで、作用マトリックスがどういうパターンだと演算回数がそのようになるのかについても整理しておこう。これは要するに早い話、ある行列 A をN乗した A^N の各成分の値を表現するのに＋と×の記号が合計何回使われたかを調べればそれで良い（ただし、普通こうした計算を行う際には、途中でまとめていける項をくくっていって手間を減らしながら作業を進めていくものだが、この場合にはそういうことは一切せずに全部生のままで書いて数えることにする）。

263

このようにしたとき，例えば3×3の行列のN乗の場合，まず対角行列なら中身の成分をN回かけるだけでよいので，演算回数は基本的に「N回」である。（①）

一方反対に，ゼロ成分を含まずまるごと実行しなければならない場合，必要な演算回数は（細かいことは面倒だから省略すると）基本的に「3^N回」になる。（③）

ところで行列のパターンとしてはもう一つ考えておく必要があり，それは両者の中間，すなわち対角線の下半分だけが全部ゼロになっている「上三角行列」である。この場合，成分によって手間にも差が出るが，一番手間のかかる成分でもそのオーダーは「N^3回」である。（②）

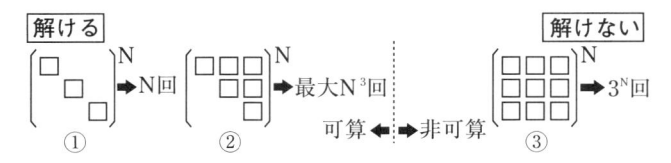

解ける			解けない
①	② →最大N^3回		③ →3^N回
→N回	可算 ↔ 非可算		

つまり①の対角行列と②の上三角行列（下三角でも良いが）の場合は，可算個の手間で収まるが，一般の③の場合にはそれを超えることになる。このことは一般の作用マトリックスでも全く同じだから，前者の二つのパターンなら「解ける」し，後者のパターンなら「解けない」ことになる。さあこれでついにすべての鍵が手に入った。

三体問題の扉を開ける

さて鍵が全部鍵穴に差し込まれたので，いよいよ300年前にはうまく開かなかった三体問題の秘密の扉を一気に開けてみよう。この問題は逆から見ると大変に良くわかる。つまり

二体問題がなぜ簡単に解けたのかを見ると、問題の本質が鮮やかに浮かび上がるのである。

まずあらためて述べると、この場合問題の中心を作用マトリックスの対角化という一点に据え、それが対角化できることすなわち「解ける」ことだと考える（第一の鍵）。

そして一般に対角行列を目指して成分を次々消去していく際に一番問題になるのが、小難しい数学的問題に先立って、せっかく一度消去した成分が次の作業の時に際限なく甦ってきりがなくなる「モグラ叩き効果」だった（第二の鍵）。

そして演算の回数の問題からすると、要するに作用マトリックスを対角行列か、あるいは少なくとも三角行列にまでうまくもっていくことができるとすれば、その問題は「解ける」ということだった（第三の鍵）。

ところがここで二体問題の2行2列の作用マトリックスを見ていただきたい。この場合、もし三角行列にまでもっていくだけで良いのだとすれば、左下にある成分たった1個だけを消去すれば話はすむのである。

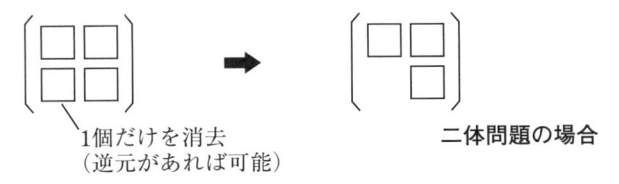

1個だけを消去
（逆元があれば可能）

二体問題の場合

そしてたとえその成分がかなり複雑で抽象的な演算子であったとしても、とにかく1個だけを消去すれば良いというなら、まずそれは可能であると思ってよい（実際その演算子が逆元をもつ、つまり逆操作が可能でありさえすれば必ずそれ1個だけは確実に消去できる）。

そのため2行2列の作用マトリックスは必ず三角行列にまでは変形でき，つまりその時点で「解かれる」ことになる。二体問題が解けた理由の本質は，実にこれだったのである。そして三体問題の場合はちょうどこの逆である。

　つまり3行3列の作用マトリックスの場合，たとえ三角行列にまでもっていくにも最低3個の成分を消去せねばならないが，この作業中に例の「モグラ叩き効果」が執拗にまとわりついて，にっちもさっちも行かなくなってしまうのである。

　実際成分の消去は2個ですでに難しく，それらがもともとどこかに共通の部分を隠し持っていて，それゆえに同時消去ができる特殊な場合を除けば，ほぼ例外なくこの障害に悩まされることになる。二体問題と三体問題の違いは消去する成分の1個と3個の量的な違いであるが，これはむしろ単数と複数という質的な違いであると思ったほうが良く，後者は本質的に第二の鍵をクリアできないのである。

　そしてその違いが，結局は三体問題の作用マトリックスが，そのN乗に際して演算回数が可算無限個の範囲に収まらず，また人間が手でいじれる部分を外にくくり出すこともできないという決定的な差となって現れてしまう。おまけに三体問題は二体問題に分解してそれぞれ別個に解いていくということもできない。

　300年前に天文学者たちを悩ませた難問中の難問であるが，実はそれはこの何とも単純な仕掛けが思いもかけず盲点に入り込んでしまったことによるというわけである。そしてさらに，なまじ太陽系が近似的には太陽と各惑星の二体問題に分解できることが災いして，なおさらこの盲点からの脱出はやりにくくなってしまったのである。

やや長めの後記

　ところでこれを「解こう」と絶望的な努力を続けた当時の天文学者たちは，それでも非常に特殊な局面なら，三つの天体の軌道を解ける場合があるということを一応は見出した。これは「制限三体問題」と言われて，例えば地球と月があったとき，それを底辺とする正三角形の頂点に第三の天体があれば，この三つは釣り合った軌道を作り，この問題に限ってはきれいに解けることが知られている。

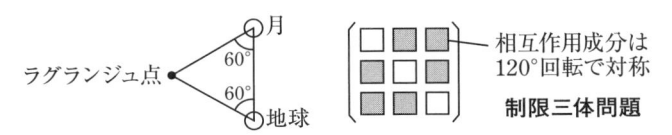

ラグランジュ点　月　60°　60°　地球　相互作用成分は120°回転で対称
制限三体問題

　この頂点の位置は「ラグランジュ点」と呼ばれて，スペース・コロニー計画などで注目されたが，この場合になぜ解けるかは，作用マトリックスを見れば大略おわかりであろう。すなわちこの場合，互いの位置が正三角形になっていることで，その相互作用成分も座標を120°回転させれば対称になっており，この特殊な共通性を用いることによってそれらの同時消去が可能となるからである。

　逆に言えば，そのように作用マトリックス内部にもともと何らかの共通性・対称性をもつパターンを全部残らず書き出してしまえば，それはすなわち三体問題の中で「例外的に解ける」ものをすべて書き出したことになり，原理的に制限三体問題のすべてをそれによって逆方向から洗い出すことが可能となるというわけなのである。

まとめ

ではここであらためて，三体問題がなぜ解けなかったかを

まとめてみよう。すなわち

①対角化に関する議論以前の問題として、三体問題の作用マトリックスはもともと二体問題に分解してN乗することができない。まずこれが第一の困難である。

②二体問題の場合は結局成分1個を消去しさえすれば良いのに対し、三体問題は複数の成分を同時消去せねばならない。そのため前者はほぼ必ず実行できるのに対し、後者は、よほど特殊な場合を除いては「モグラ叩き効果」が基本的な部分で災いしてそれができない。これが第二の困難である。

③そのように変形できるかできないかで、二体問題の場合はN乗の手間が可算個の範囲に収まって、問題を電卓で実行できる部分と人間が紙と鉛筆でいじれる部分に分けられる上、前者の部分がすべての初期値で共通使用できるのに対し、三体問題の場合にはそうしたことが一切できなくなる上、N乗の手間も可算個の範囲に収まらない。これが第三の困難である。

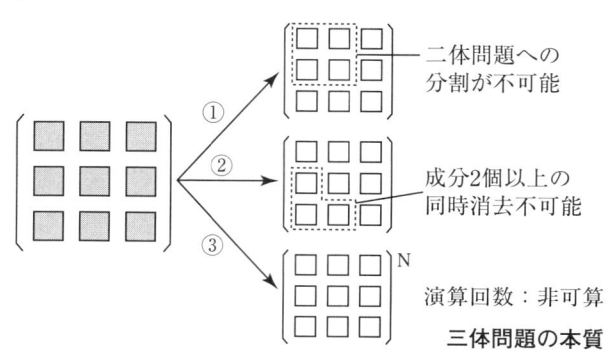

① 二体問題への分割が不可能

② 成分2個以上の同時消去不可能

③ 演算回数:非可算

三体問題の本質

やや長めの後記

　三体問題を作用マトリックスを用いて3行3列の行列のN乗に書いたとき，それは非常に単純で，ちょっと見てもそこに何か大事な秘密が隠されているようには見えない。

　ところが一見単純なその表現の中に，実はこの三つの重要な鍵が全部含まれており，そしてそれが三つ同時に起こるということこそ，三体問題が解けないことの本質だったのである。

　以上の議論は，問題を極限まで単純化していたため，本当は作用マトリックスを用いてさえもう少し手の込んだことをやる必要があり，ここで行ったことはあくまで「直観的方法」でしかないことは，一言注意しておこう。

　しかしだからと言ってこれがちゃちな代用品かと言えば，全くそんなことはない。むしろ単純化されているだけに，ここにはかえって本質的部分が凝縮されており，たとえ高度で厳密な数学的手法を使った場合でも，これらの本質的な問題点が結局は一番の壁となって現れてきてしまう。

　そしてこのメカニズムは三体問題ばかりでなく他の問題にも広く及んでいる。例えば化学などの問題でも，分子などが2個だと解けるのにそれ以上だと解けないということが良く起こっているが，それもこれと同様，やはり作用マトリックスが2×2に書けるか否かが鍵を握っている。それを見ても，一見単純なこのことがいかに本質的であるかが推察できるだろう。実際，ある意味で，300年間の数学の栄光と挫折の本質がすべてここに集約されていると言っても過言でないのである。

3 それが文明社会に与えた影響

「ハーモニック・コスモス」への信仰

では最後に，文明社会がそのように三体問題のあたりで一つの錯覚を起こしたことで，一体そこにどんな影響が及ぶことになったのかについて述べてみたい。そしてまたそれを通じて読者は，本書でこれまで追求してきた「直観化」ということが，これからの数学にとってどんな意義を有しているのかについても，明確な解答を得ることになるだろう。

その前に以前の議論の内容を一通り振り返っておくと，まず天体力学の生み出した一種の幻想がデカルト流の分析主義に強固な根拠を与え，そして一旦物事を分野ごとにばらばらに分割する癖がついた結果，合理主義の名のもとにそれをありとあらゆる方面に拡張していくことになり，そしてその果てにあるものこそ現代のわれわれの社会であるということだった。

そしてまたその時の議論では，いくつかの例外的な場合に限っては「合理主義的」な分割が可能だということであり，ここでそれらをあらためて整理しておくと，①作用マトリックス内で小行列の相互作用部分がすべてゼロである場合，または②太陽系のように相互作用が各1本だけになっている場合にはそれが可能であるということだった。そしてさらにつけ加えるともう一種類のパターンとして，③内部が細胞のように相似な小行列で構成されている場合にもそれが可能である。つまりこのような場合には何か係数cを使ってそれらの

共通部分を適切にくくって整理できる。

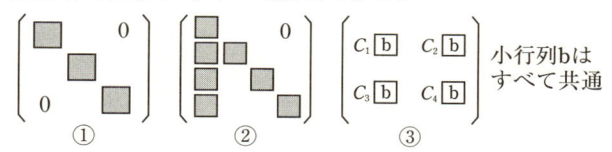

$$\begin{pmatrix} \blacksquare & & 0 \\ & \blacksquare & \\ 0 & & \blacksquare \end{pmatrix} \quad \begin{pmatrix} \blacksquare & \blacksquare & 0 \\ \blacksquare & \blacksquare & \\ 0 & \blacksquare & \blacksquare \end{pmatrix} \quad \begin{pmatrix} c_1\,\boxed{b} & c_2\,\boxed{b} \\ c_3\,\boxed{b} & c_4\,\boxed{b} \end{pmatrix}$$
　①　　　　②　　　　　③

小行列bは
すべて共通

とにかく大体これらのパターンに属する系に対しては、われわれが考えている「合理的手法」が適用できるが、そうでない場合、本質的にそれらは有効でないということになる。そして困ったことに、どう見てもこれら三つのパターンはいずれもどちらかといえば特殊なケースに過ぎず、宇宙や世界がこのようになっているはずだという根拠もありそうにない。

ところが300年前、人類は宇宙や世界がこのような「調和的宇宙＝ハーモニック・コスモス」になっているに相違ないとの壮大な勘違いを行って、以後の世界を設計しようとしたというわけである。

ところで余談だが、本来知識人の世界の中にあったはずの天体力学の影響がここまで世の中全体に広がっていった歴史的な過程の中では、どうやら宗教の影響とその性格差が、無視できない要因として存在していたようである。特に西欧キリスト教文明の場合、それが天界に特別な地位を与えるという性格を他より強くもっていたため、イスラム文明などと比べて天体力学の影響が直結する傾向が強かったとも考えられるのである。

実際キリスト教と比べると、例えばイスラム教徒は天に向かってお祈りをするわけでもないし、またイスラムの教義ではキリスト教と違って天界は特に神の棲み家とされてはいな

い。ということはそこではたとえ天体の運行が解き明かされたとしても、それは単に宇宙に浮かぶ巨大な石ころの運動が解明された程度のことに過ぎず、必ずしも神の領域への扉が開かれて宗教観を揺るがすところまでは発展しにくいのではあるまいか。

もともとイスラム圏は高度な天文学や数学をもっていて、むしろ17世紀初頭までは西欧の先生だった（実際レオナルド・ダ・ビンチをはじめとするルネッサンスの「科学的大発見」なるものの多くは、実は意外なことに当時のアラビア語の文献に書かれていたことを単にラテン語に翻訳して紹介したというだけのものであり、地動説さえすでにイスラム圏の天文学者によってほぼ見出されていたという）。

ところがちょうどこの時代にそれは突如停滞を起こし、西欧と立場が逆転してどうしようもなく水をあけられていくのだが、それはまさしく彼らが文明全体としてこの錯覚を共有できなかったためではないのだろうか。

そしてここで興味深いのは、人類の数学を支えてきた2本の柱が、世界史の中では両文明に分担される形で発展し、それが文明自体の歩みに大きく影響していたということである。

その2本の柱とは何かというと、まず1本目の柱は微分方程式と関数から成る解析学の世界であり、そして2本目の柱は、一次方程式から始まって線形代数に至る代数学の世界である。両者を比べると、前者は「動き」を表現することを得意としているが、後者は多数の量（xやyなど）の関係性を扱うことを得意としており、事実上この2本の柱が人類の数学を支えてきたと言ってよい。

やや長めの後記

そして歴史的に見ると,前者の発展は西欧キリスト教文明が担っているが,後者の代数学の部分は(それがalgebraと呼ばれるのを見てわかる通り),イスラム文明によって確立されている。

特にこの場合,微積分学が人類史の中で画期的だったのは,まさに天体などの「動き」を表現するメソッドを確立したことにあったと言えるのだが,しかしここで先ほどの議論を踏まえると,実はそれは「二体問題化」という犠牲を払うことで可能となっていたのである。

つまりそれは作用マトリックスを分解して2行2列にしてしまうことに相当し,いわば「2行2列化」という特殊化を行うと,解析学の世界そのものが現れてくると言えなくもないわけである。

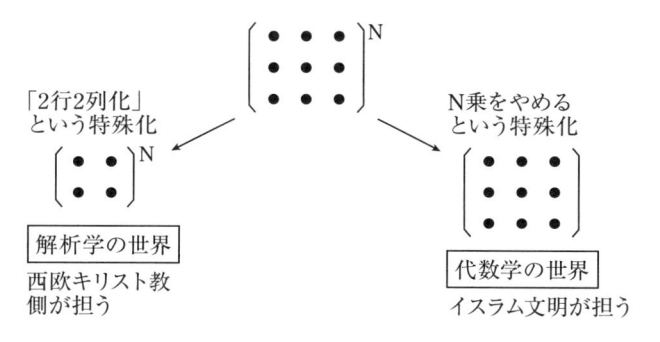

$$\begin{pmatrix} \bullet & \bullet & \bullet \\ \bullet & \bullet & \bullet \\ \bullet & \bullet & \bullet \end{pmatrix}^N$$

「2行2列化」という特殊化　　　　　　　　　　N乗をやめるという特殊化

$$\begin{pmatrix} \bullet & \bullet \\ \bullet & \bullet \end{pmatrix}^N \qquad \begin{pmatrix} \bullet & \bullet & \bullet \\ \bullet & \bullet & \bullet \\ \bullet & \bullet & \bullet \end{pmatrix}$$

解析学の世界　　　　　　　　　　　　　代数学の世界
西欧キリスト教　　　　　　　　　　　　イスラム文明が担う
側が担う

ところが作用マトリックスの場合,もう一種類の特殊化を考えることができ,それはN乗することをやめて,最初から「動き」の表現を捨てることである。この場合には多数の量の関係性を扱う能力は残るものの,要するにそれはただの行列で,体系自体も単なる線形代数に戻ってしまう。そして

線形代数とは要するに連立一次方程式のことなのだから，ある意味で作用マトリックスの体系は「静的化」という特殊化を行うと，今度は代数学の世界が現れてくることになる。

　つまり作用マトリックスの体系は，それぞれ異なる部分を切り捨てて別々の形で特殊化すると，解析学と代数学という2本の柱が現れてくるのだという，面白い見方が成り立つわけである。

　そのためこれをさらに一歩進めれば，西欧文明とイスラム文明は，このような二種類の異なる特殊化に基づく世界観の上に成り立ってそれぞれを分担していたという，一種壮大な図式が現れてくるわけで，そして今にして思えば，この構図の存在を見出すことができなかったことこそ，イスラム文明が世界史の中で凋落してキリスト教側に逆転されてしまった最大の理由であったように思われる。

　実際そのためにイスラム側は，それまで持っていた数学の主導権を一方的に西欧に奪われて半身不随に陥り，逆に西欧文明側が地球上を覆い尽くすという世界史的変動を引き起こしたわけで，今やそれが暴走の果てに袋小路に陥っているわけである。

　逆にイスラム文明はこの時期に停滞していたため，現在西欧文明が陥っているそのような基本的暴走構造に対して，良くも悪くもほとんど影響を受けないまま今に至っているのであり，そのあたり，調べてみるといささか驚きを禁じ得ないのである。

　だとすればここで想像力を働かせ，もし300年前にイスラム世界の数学者によって，何らかの形でそのメカニズムが，これに似たツールなどによって明らかにされていたとすれ

ば，西欧文明のどこに問題点があるのかを数学をバックに指摘することができ，あるいは世界史の流れは大きく変わっていたのではあるまいか。

そう考えるとこれら一連のことは，もし世界史への影響までを視野に入れた場合には「数学史上最大の盲点」と呼びうるものではなかったかと思えてならないのである。

一方それに対してこれをもろに受けてしまったわれわれの社会はどうなったかというと，その影響たるやほとんど想像を絶するものがあり，以下にその一端をほんの少しだけ見てみることにしよう。まず一番身近なところでは，近代医学である。

近代医学への影響——切り貼り細工への道

考えてみると「病原体」という概念もこの時に誕生したのかもしれないが，とにかくいわゆる近代西欧医学の特徴の一つは，病気というものが基本的に病原体という悪者が原因となって起こると捉え，それを薬で破壊すれば病気は消え去ると考えることである。

しかしこのことを作用マトリックスのフィルターを通して見ると，実はまさに先ほどのような「分割可能な系」の存在が，暗黙のうちに想定されていることにお気付きであろうか。

つまりこの場合，体を表現する作用マトリックスのパターンとして，基本的にその相互作用成分のほとんどがゼロのものが想定されており，体内の器官同士，あるいは器官と細菌との相互作用などが1本のメインルートだけで作用して他は大体無視できると仮定されていると見るべきである。

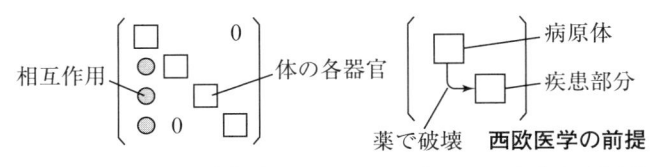

相互作用 — 体の各器官　　　　　病原体／疾患部分
薬で破壊　**西欧医学の前提**

　実際その場合，病気もそのたった1本のルートからだけ発生するのだから，単純に薬で病原体とそのルートを破壊しさえすれば人間は完全に健康体になる。つまり人体という系が基本的にこのような「ハーモニック・コスモス」だという前提さえあれば，西欧医学の手法はその基本からして完全に正しいことになるのである。

　しかしどう考えても人体内部では相互作用の糸はもっと蜘蛛の巣のようにたくさん張り巡らされているはずで，人体を表現する作用マトリックスにしても，そんなに都合良くゼロ成分が並んでいて系の分割が可能な状態になっているとは到底考えられない。

　そしてこういう妙な前提が入っていない医学といえば，それはアラビア医学よりもむしろ漢方医学であろう。良く知られているように，漢方の思想には「病原体」という発想がもとから希薄で，病気というものを基本的に何らかのバランスの崩壊状態と捉える傾向が強い。

　実際もし人体の作用マトリックスが複雑な相互作用で完全に一体化されたものだったならば，それらの相互作用のバランスをうまくとって健康状態を保つことはそれ自体が十分に難事業で，それがちょっと崩れただけでたちまち病気になる。そしてそういう状態に陥ってしまったとき，たまたまある細菌が問題箇所の近くにいたばかりに結果的に悪役を演じてしまうこともあるが，だからと言ってこの細菌が病気の真

の原因だったわけではなく，単純にそれを根絶したところで健康体に戻れるわけでもない。

また薬とその副作用の問題についても似たようなことが言えて，もし人体がハーモニック・コスモスであるとの前提がありさえすれば，どんなに気軽に薬を使ってもその副作用を心配する必要はほとんどなくなる。すなわちそこでは薬が及ぼす作用のルートも患部への1本だけになるため，他の器官への影響はきれいにゼロである。

しかし無論実際には作用マトリックスの成分の数だけ波及効果のルートが存在して，そのすべてが副作用として出てくるのがむしろ本当なのであり，ただあまりにも緊急性が高くて波及効果が系に登場する時間的余裕がない場合にのみ，それをゼロと見なしたものを用いても実用上差し支えなかったわけである。

これを見る限りでは19世紀以降の近代医学は，どうやらハーモニック・コスモスという前提を入れるやすべての断片が完璧に1枚の絵になるという性質のものだと結論づけても良さそうである。そしてこれを使うと，従来とかく水掛け論に陥りがちだった西洋医学と東洋医学の優劣比較に関しても，割合に簡単に数学的評価ができるのである。

近代社会思想への影響――「個人の自由」の絶対化

さてこのことが医学の考えの上にそれだけ深く根を下ろしてしまっていたとなると，医学ばかりでなくわれわれが生活しているこの社会の設計思想そのものに対しても，同じぐらいの深い影響を与えていなかったはずはあるまい。

早速調べてみると（というより調べるまでもなく），200

〜300年ほど前からわれわれは一つのことを信じるようになった。すなわちそれは，この社会はつまるところ個人の単なる集合体なのだから，その個々の権利や利益こそが至上のものであって，その極大化を考えておりさえすれば，それが結局社会全体をも最良の状態にすることになる，つまり「社会の利益は基本的に個人の利益の総和に還元される」ということである。

もうこれを聞くだけでも，先ほどの前提が侵入していそうな気配は濃厚であり，実際それは作用マトリックスを使うと，ものの見事にあぶり出すことができる。つまりもし社会という系がハーモニック・コスモスだという前提を入れさえすれば，個人の利益の追求の総和は社会の利益に完全に一致することが示せるのである。

具体的にどうやるかはもう大体おわかりであろう。つまり社会全体を示す大きな作用マトリックスの中に，個人個人のミクロな世界を表す小行列をたくさん組み込んでやる。そして先ほどと同様にして両者のN乗が一致するかどうかを見れば良いのである。

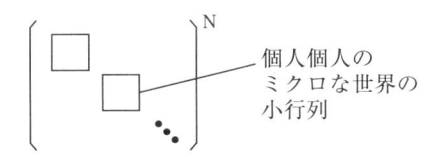

社会全体の作用マトリックス — 個人個人のミクロな世界の小行列

言うまでもなくこれは一般には一致せず，個人個人が自分たちの狭い小行列の中だけを見て，良かれと思って行ったことは，全体の中に組み込まれると波及効果が思いもかけない

やや長めの後記

経路で自分に跳ね返ってきてしまうのである。

しかしながらこれまた先ほどと同様，系がハーモニック・コスモスすなわち小行列の相互作用部分が全部ゼロだとなると話は違ってくる。実際その場合には小行列の主である個人は，社会全体がどうかなどと面倒なことを考えず，自身の周囲の小社会だけを眺めて個人的利益を追求していても何ら差し支えない。つまりこの場合に限り「社会の利益は個人の利益の単純和に還元できる」ということが完全に成り立つことになる。

そしてこういう場合，もし個々人が何か不快な状態を強いられているとすれば，それは社会のどこかに一種の病原体や悪者があってそれが障害になっているからなのであり，個々人はそれを倒して自己の利益と幸福の極限化に邁進することがむしろ義務だということになる。かくしてここに絶対的な自由主義というものが誕生するのである。

そしてその最終的な結果がどうなったかはわれわれが今見ている通りであるが，何しろ反論の台詞をもたないというのは恐ろしく，たとえ欲望と気まぐれを無限に肯定するライフスタイルがどうエスカレートしようが，はたまた一体顔のどこが破裂したのかと思えるようなファッションをしていようが，ただ一言「誰にも迷惑をかけていないから個人の自由ではないか」と言われると，もう返す言葉がなかったわけである。

しかし実を言えばこの論理も本来，社会をハーモニック・コスモスと考えることではじめて成り立つものだったのであり，そういった意味では彼らもまた天体力学の鬼子の一種だったということになるだろうか。

なぜこの問題は盲点に長く居座ったか

 さて以上，二つの問題についてだけその実社会への影響を見てみたわけだが，列挙をはじめればきりがない。実際，19世紀あたりに書かれた社会思想の本を引っ張り出してみると，この前提や信仰が入っている箇所が本当に後から後から見つかるのであり，それに対して作用マトリックス理論で反論してみるというのはかなり面白いゲームなので，本棚にそうした「名著」があれば一度試みてみるとよいだろう。

 考えてみるとどうもわれわれは文明社会への数学の影響力というものを，単にテクノロジーの基礎をなす工学の発展を促したという面からのみ見がちである。しかしこうしてみると，むしろわれわれの基本的な物の考え方という思想面への直接的影響の方が，それより遥かに大きいものであったらしいことがおぼろげに浮かび上がってくるのである（そう考えると，ニュートンがそれを体系化した歴史的著作『プリンキピア』を出版した1687年という年は，人類文明にとって普通考えられるよりもっと遥かに大きな意義をもっていたのかもしれない）。

 それにしても，もしこの単純なことが200～300年前に盲点に潜り込むことがなかったならば，その後の物事の進展は一体どうなっていたかと考えると興味深い。ひょっとしたらその後猛威を振るうことになった「ハーモニック・コスモス信仰」の繁殖は初期段階のうちに抑え込まれ，われわれは今とは少し違う世界に住んでいたかもしれない。

 例えば医学はどうなっていただろうか。この場合まず考えられるのは，体を部品のように切り貼りする手法がどういう場合に有効でどういう場合に有効でないかをきちんと定量的

に評価する,数学的手法やその指標が確立されていた可能性である。

すなわちこの場合,体の各器官とそれらの相互作用を書き出してそれを成分とする大きな作用マトリックス(あるいはそれに類するもの)が作られて,それがどの程度ハーモニック系に近いかが,まず医学研究の最優先課題として調べられていただろう。

実際それがあれば,ある薬や療法に関してどういう局面でどのくらいの副作用が出るかは,その作用マトリックスのパターンごとに一応きちっと求めることができる。そのためそれを示す数値が一種の単位として制定されて薬の瓶に明記され,「カロリー」などの単位と並んで日常的に認知されていたかもしれない。

こうしたことは医学ばかりでなく,社会制度の設計などにはもっと大きな影響を与えて違うコースを歩ませていた可能性があるが,それにしてもそんな重要なことが一体全体どうしてこんなに盲点に長く安住できたのだろうか。

もっとも推理小説や手品の常識からすれば,それはむしろさほど不思議なことではないのかもしれない。一般に人間は一度探した場所は二度と探さないものだし,手品の種は単純であるほど観客に見破られにくいものだからである。

つまりこの場合300年前の数学者たちが,このことをうっかり見落としたままでどんどん先へ進んでしまった結果,まさにそのトリックにはまって,もう出発点付近に何か見落とした単純な秘密があるなどとは,むしろ時が経てば経つほど誰も考えなくなっていったのである。

そしてもう一つ致命的だったのは,数学者たちが高度に職

人化して広い見地から物事の思想的側面を問う能力が弱まったことであり、たとえそれを偶然手にしてもその思想的価値に気づかず、ただの石ころと思って捨ててしまう危険が大きくなってしまったことである。

　一方思想家たちは、ある時期からもう数学についていくことを断念してしまい、たとえ現実と比較して何かがおかしいことに気づいたとしても、議論となると歯が立たない。確かに作用マトリックスは数学者の側からは初歩的に見えるものの、それでも思想家の側が自力でそれを編み出すにはやはり難しすぎたのである。

　そして知的世界全体がそういう状況に陥ったときに何が起こるかは、他ならぬ作用マトリックス理論自身が明らかにしてくれる。つまり数学者たちと思想家たちがそれぞれ自分の狭い専門分野の中に閉じこもるようになると、作用マトリックス内部で彼らはそれぞれ次の図の①のように専門分野の小行列を作っていく。

　しかしこの場合、問題がちょうど両者にまたがった格好になっているため、②の部分が欠けていてはどうにもならず、そしてその部分を知っている人間が次第に姿を消したことで、人類全体から問題を把握する能力が失われていったのである。

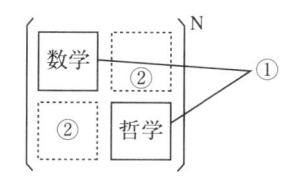

　そして仕上げとして、大学などをそういうタテ割りの狭い

専門分野にひたすら細分化して設計するよう人類に勧めたのが、他ならぬそのハーモニック・コスモス信仰だったわけだが、その上さらにこの傾向は精神的な面からも強化されることになった。

それというのもこの信仰の中に安住することは、科学者たちにとって精神的に余りにも居心地の良いものであり、本心を言えばいまだにほとんどの科学者・数学者はそれを捨てたがっていない。そのせいだろうか、この後記で述べたことは、実は断片的な戦術論としては多くが存在しているにもかかわらず、それはなぜか1枚の絵にまとまっていない、というよりむしろそれは、自分自身のその世界観・社会観を覆されることを恐れて半ば意識的に避けられてきたかの感さえなくもないのである。

それは複雑系においても同様で、ここでもどうも何だか思想的な焦点が故意にぼかされて真の論点がはっきりせず、ただ末端の戦術的な技術をあれこれ並べ立てて、どっちつかずの議論に終始している例にしばしばお目にかかる。

そういう場合、とかく理論全体がドーナツのように周りは高度だが中心だけがぽっかり抜けた奇妙なものになりがちなのであり、実際もし読者が以前に複雑系の本を読んでどこか釈然としない場所があったなら、これを念頭に置いてもう一度目を通してみると、書き手のこの心理が透けて見える時が一度ならずあるはずである。

数学がこれからなすべきこと

さて以上の議論を見る限り、もう「方程式を解く」ということに関して目の覚めるような発展は期待できず、そのうえ

大抵の計算なら手元のパソコンがやってくれるとなれば、もう伝統的な紙と鉛筆でやる数学などというものはそれを学ぶ意味自体が失われているのではないかという感触をもたれた読者もあるかもしれない。

しかしながら次の一点に目標を絞るならば、少なくとも文明への影響力に関する限り、数学はかつての栄光の時代にも劣らないだけのことを今一度なしうるはずなのである。言うまでもなくそれは、これまでハーモニック・コスモス信仰によっておかしくなってしまったこの世界のいろいろな部分について、数学の立場からその修復を行うことである。

ある意味でそれは発見の技術というよりは、むしろ説得の技術としての役割が期待されるわけだが、しかし説得力という点に関する限り、紙と鉛筆による数学的証明の威力の前にはどんなコンピューター・シミュレーションといえども到底かなうものではない。

実際指摘するまでもないことだが、現代世界のグローバル資本主義経済にせよ、情報網の整備にせよ、遺伝子工学にせよ、それらは大体において一つの思想の産物だと言える。それは「人間の直接的な要求や短期的願望（＝欲望）を肯定し、それを迅速にかなえていけば、やがて自由放任の神の手が世の中を一番良い状態にしていってくれる」との信念のもと、そうした直接的なルートの邪魔になるものをすべて取り払っていこうという思想である。そしてまた、現代社会の無制限の自由の肯定による社会秩序のメルトダウンや、経済が勝ち組の中だけで回って大量の失業者を外へ追い出す一種の寡占現象の到来の恐れなどは、大なり小なりその結果である。

やや長めの後記

　本当のところこうしたことは，誰もが心の奥底ではどこかがおかしいと気づいてはいるのである。ところがいざ反論するとなると，相手側の合理主義と数字による武装にまともに対抗できず，じりじり後退を強いられてきたのが実情であろう。

　しかし実はこれらのことは，作用マトリックスを使えば比較的容易に反論が可能になる。基本的にどうやって行うかは，先ほどの「勝ち組の中だけで経済が回る」状態を例にとるとわかりやすい。つまりこれは一握りの巨大企業（A）と，そこから富を得る富裕層（B）の消費や投資の間だけで富が回って資金の流れがバランスしている悪しき寡占状態で，他の弱小勢力（C）は基本的にその流れから排除されている。

　一方これに対して望ましい経済社会状態というのは，資金の流れの矢印がそれら弱小勢力（C）すべての上をもまんべんなく一筆書きのように必ず通過して，社会のすべての構成員がそれに参加できるよう，流れが絶妙に調整されている状態である。

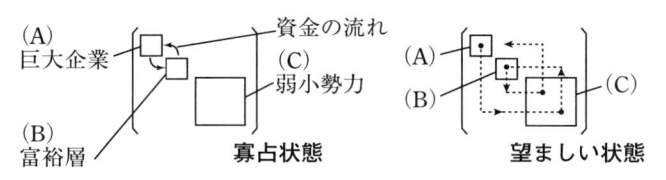

（A）巨大企業　資金の流れ　（C）弱小勢力　（B）富裕層　**寡占状態**　　（A）（B）（C）　**望ましい状態**

　さて実はこのように記述を行っただけで，一番重要な数学的議論は可能となってしまうことになる。要はこれらの作用マトリックスが成立している状態というのがどれだけ「希少」なのかを見れば良いのである。

容易にわかるように後者のような場合，流れの状態が各点全部で絶妙な値に設定されていることが必要であるため，この状態を達成できる数値の組などは多分1種類ぐらいしか存在しないだろう。

　ところがそれに対して前者の場合，とにかく勝ち組二者の値を設定するだけでこの粗暴なバランス状態は一応作ることができ，脇で（C）がどんな状態になっていようともすべてこの状態に分類される。つまりこれを満たせるパターンは，それら全部を含むことになるので，優に数十種類ぐらいは存在できることになる。

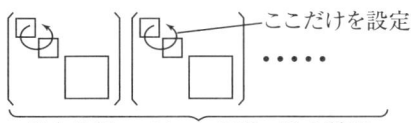

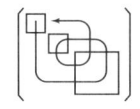

　　　　　　　　　　　ここだけを設定

寡占状態のパターン個数＝数十種類　　望ましいパターンは希少

　つまり後者が達成されるケースは前者より希少であるため，必然的に後者が壊れて前者にとってかわられる可能性が高い。要するに図の矢印の「流域面積」が狭まって完結している系ほど生残確率が高く，逆に複雑巧妙な相互作用の上にしか成り立たない系は確率的に駆逐されていく。そのため統計力学的観点からは，一般に系は放置しておくと，まるで恒星がブラックホールに潰れていくが如くに，次第に相互作用の糸が狭まった形に「縮退」していくのである。

　そして最終的にそれが極限に達し，相互作用が完全に短絡化して潰れた状態でバランスが作られてしまうと，系はそこで「縮退均衡」状態を作ったまま，自力では元に戻れなくなる。その状態はまさしく「コラプサー（＝ブラックホールの

やや長めの後記

旧名称)」とでも呼ぶのがふさわしい。

そう思ってここで振り返ってみると、アダム・スミス（本人よりもその亜流）たちが自由放任を叫んだとき、そこには「均衡」の概念はあっても「縮退」の概念が明らかに抜け落ちてしまっていた。そして今までの議論から推察するに、どうやらこれも彼らが無意識のうちに社会をハーモニック・コスモスだと錯覚していたためである疑いが濃い。実際読者が以上の議論を十分消化していれば、相互作用が太陽系型のパターンに設定された系においては縮退現象が発生しないことを、すでに自力で証明できるはずである。

ともあれ思想の中でそれが仮定されている場合、社会などの設計においてもその縮退を防ぐことを最優先に考える必要などは全くなくなるわけであり、最新の市場経済万能論などはさしずめその申し子であろう。

（なお「縮退」という言葉は天体物理学のブラックホールの問題でも使われるが、それは原子核内部の話であるため、ここで述べているものとは意味が少し違う。確かに「独立な固有値の個数が少なくなる」という根本的な定義だけは共通するのだが、ここでは「縮退」の語はむしろ語感が余りにもぴったりしているという理由で採用されているのであり、その点には注意されたい）

このように、実は最先端と呼ばれる場所でも意外にハーモニック・コスモス信仰は根強いものがあり、例えばこういうことに一番敏感であっても良さそうなコンピューター・サイエンスの世界でも、確かに末端の戦術論の部分ではこれを理解しながら、芯となる世界観の部分で頑強にその信仰にしがみついている人というのが意外なほど多い。

まあ逆に言えば、そこらへんを突っつくとまだ興味深い盲点がいろいろ出てきそうだということにもなるが、しかし実のところ将来において、それが最も危険な形で現れてきやすい場所の一つが遺伝子工学であろうことは、ほぼ疑いない。

　大体遺伝情報解読の話にしてからが、そもそもDNAの30億個の塩基配列を全部読んだだけで遺伝情報を「読んだ」と思い込むのが誤りであることは、すでに読者にはおわかりであろう。言うまでもなくこの場合、作用マトリックスを作るためには本来その相互作用成分全部、すなわち〔DNAの30億個分＋体の器官全要素分〕の2乗個の成分を全部読まねばならないのである。

　しかしながら無論この場合も、もし遺伝子の世界がハーモニック・コスモスである、つまりDNA塩基および体の器官の全相互作用が、太陽系のようにすべてほぼ1対1でのみ対応しているならば、30億個分の解読だけで「読んだ」ことになるし、またその作用マトリックスは2×2に分解できるため、その操作や改良を行うことには何の問題もなくなるのである。

　しかし一体全体それはいつ確認されたのだろうか。そしてかつての生態系や環境破壊の轍を踏まないためにそこで必要になるはずの指標、例えば系全体の内部バランスを破壊せずにすむような遺伝子産業規模の上限を評価計算した数値などは一体どこにあるのだろうか。実際、そこに縮退が起こらないことを確認するのは、そんな簡単な話ではないはずなのである。

　無論生命科学の研究者たちもこういう問題の存在を知らないわけではあるまい。しかしどうもそれはとかく脇に追いや

られがちで，現実にもその扱いは（やっぱりと言うべきか），人権などに関連して発生する問題の遥か下に置かれている。つまり本当ならば，塩基解読に先立ってその数倍の研究予算を投入し，遺伝子の世界がどの程度までハーモニック系かを確認する作業が行われねばならないという話になりはしなかったろうか。

どうも遺伝子操作の世界が一種の見切り発車で進んでいるらしいということは，恐らく多くの人が感じていることではあろうが，しかしもし一種の錯覚や思い込みが社会全体からそこに流れ込んでそれを推進しているのだとすれば憂慮すべきことであり，しかもそれがもし裏目に出るとなれば事態は深刻である。

そのため，例えばDNAの小宇宙だけでなく遺伝子産業の世界までも同時に一個の視野に入れた巨大な作用マトリックスを考え，それが破壊的な「縮退」を引き起こさないですむ限界がどこかをしっかり示すという壮大な試みが，これから緊急に求められていくことになり，それはまた数学サイドにこれから課せられる人類史的課題の一つであろう。

思考経済と直観化

いずれにせよこれらのことが文明社会に与えた影響を見る限り，300年前の微積分の発見というものが，これを上回るものがほとんど見当たらないほどの世界史上最大級の大事件だったということは明らかである。

そして先ほど見たように，それは数学の2本の柱のうちの一方である解析学の世界を，その世界観ごと巨大化させるという結果をもたらしたのであり，それを考えると現在の世界

を覆う混迷は、その世界観を推し進めてできることをほぼやり尽くしたことによると言って良く、少なくとも今後もそれが頭打ちの状態が続くことは、ほぼ間違いのないところである。

　そうなると当然ながら今後の数学の主力は、どうしても三体問題のあたりの時代に立ち返って、「部分の総和が全体に一致しない」という根本原理に沿う形の、もう一つの世界観を検討し直すことに軸足を移していかねばならず、数学にフロンティアがあるとすれば、もうそこしかないのである。

　そして恐らくその際にあらためて重要になってくるのが「思考経済」という言葉ではあるまいかと思われる。これはマッハ力学のエルンスト・マッハが、そもそも人間が「理論」を作る目的とは何かについてその本質を喝破したもので、それはつまるところ「いかにして最小限の知識や情報を元に最大限の現象や事象を理解するか」ということにあるという考えである。

　つまり有限の容量しかもたない人間の頭脳がこの広い世界を理解するには、結局その効率比の極大化を図るしかないというわけで、この思想の源流は14世紀のスコラ哲学者ウィリアム・オブ・オッカムに遡る。彼の主張は「オッカムの剃刀（かみそり）」と呼ばれ、要するにあたかも剃刀を使うようにして、無駄な部分を切り捨てていくことこそが真の学問への道なのであり、逆に当時のスコラ哲学や神学のようにそうしたものを衒学的に増やしていくのは、むしろそこから遠ざかることにしかならないというわけである。

　この思考経済の話は、もう少し具体的に言えば次のようになる。例えばここで、ある理論を使えば20の現象を把握で

きるが，その理論自体が難しすぎて習得に60の労力を要するとしよう。ところがここにもう一つ，それを説明するもう少し「安い」理論があって，それだと10の現象しか把握できないが，理論が簡単なので習得にはせいぜい5ぐらいの労力ですむとする。

この場合，もし後者のようなものが二つあれば，その安い二つを学んで合計10の労力で20の現象を把握するというやり方が主力となり，難解な前者はたとえいくら見かけが高級でも効率が6分の1なので，結局は思考経済の掟によって学問の本命とはなり得ないのである。

ところが「部分の総和が全体に一致する」，つまり問題をどんどん細分化して大勢でばらばらに扱っても最後に全部集めればちゃんと1個になるという神話のもとでは，そのことの重要性がひどく軽視される傾向が生まれていた。なぜならその場合，人間1人の頭脳容量による制限は絶対的なものではなくなるからであり，仮に理論1個の重量が個人の頭脳容量をどれほどオーバーしても，それを細分化して大勢で別々に分担すれば良い。そのため各理論は重量限界など気にせずひたすら精緻化・厳密化・正確化に専念すれば良く，過去1〜2世紀にわたるわれわれの制度や習慣はこれを信じることの上に成り立ってきたのである。

ところがその前提が崩れたとなると，その常識自体を見直すことが必要になってきてしまい，逆にこれまで二義的な扱いだった「簡略化」「総合化」「直観化」などということが，今までとは次元の異なるほどの意義を帯びてこざるを得ないだろう。

実際に数学の歴史を振り返るとむしろそれが真実で，せっ

かく理論があってもそれがあまりにも複雑難解でその道何十年の専門家しか理解できないという間は，それは大きな力を持つことができず，それが簡略化されて大学1～2年の普通の学生でも扱えるレベルになったとき，初めて文明社会を動かす力を持つようになったのである。

　一方それとは対照的な運命をたどったのが和算で，単に問題を解くということなら和算は驚くほど高い水準に達していて，幕末に西洋代数学が入ってきたとき，和算家たちは西洋数学で解けて和算で解けない問題などないと言ってそれを見下すほどだった。

　しかし和算には一つ致命的な弱点があり，それが「簡略化」ということだった。読者もご存知のように，和算では植木算や鶴亀算など，西洋代数学なら1個で扱える内容がそれぞれ別個の理論になっており，それらをいちいち学ばねばならないので習得には大変な時間を要してしまう。逆に言うと当時の西洋代数学の利点とはその簡略化という一点だけだったのだが，和算はたとえどれほど高度でも，結局は思考経済の掟によって学問として生き残ることはできなかったのである。

　実際数学の歴史とは簡略化の歴史で，しばしば単なる表記法の簡略化が，どんな方程式が解けたことをも上回る革命的な前進をもたらしてきたのであり，簡略化イコール数学の進歩だとさえ言えなくもない。その重要性はマッハやオッカムのように誰かが時折注意していないと，洋の東西を問わず忘れられがちで，現在ちょうどそれが必要な時期にさしかかっているように思われる。

　大体現在では，学ばねばならない情報量の増加によって，

その現実的な必要性はすでに切実なものとなっているのだが，その上ここで哲学的にも244ページの図のように，学問の分割が実はできなかったということが明らかになるとすれば，その重要性はもはや根本的なレベルから考え直さねばならなくなる。つまりその場合多くの場所で，1個の頭脳の中になるたけ多くの学問を概略だけでも収めることが要求されるようになり，そのためには可能な限り直観化を行って，思考経済の極大化を図らねばならない理屈になるからである。

　そして本書の10章までで行った直観化ということは，まさにその際に寄与することになるはずで，それゆえこれからそういう世界に新しい一歩を踏み出そうとする読者のために，本書が役立つことを願ってやまない。

解説——直観の天才、理系を救う

西成活裕（東京大学教授）

　どうしても分からなかったものが腑に落ちた瞬間、というのは、人は一生忘れないものなのだろう。私はこの本を見るたびに、モヤモヤしていた自分に突然雷が落ちて、別人のように変化した二十年前のある瞬間をはっきりと思い出す。この本との出会いはそれほど強烈だったわけで、おかげでそれ以来、無機質に見えた数式が、私にその素顔をいきいきと語りかけてくるような不思議な感覚を持つようになった。数式にはどれも血が通っていて、それを試行錯誤しながら生み出した人間の魂が込められているのだ。

　この泥臭い試行錯誤を全部隠して、うまくいったところだけ見てしまうと、本質を理解するのは難しくなる。しかも科学論文というのは、なるべくこの泥臭い部分をカットして、エレガントに書くのが流儀なので、ますますタチが悪い。人間関係と同じで、これでは科学と本音で付き合っていくのは難しくなってしまうだろう。

　理科系の大学に進むと、習う数学や物理学は高校までの具体的な内容とは全く違った、抽象的なものに一気に変わる。rotなど見たことのない記号も増えてきて、当時大多数の友人が撃沈していった。しかし私は幸いにもこの本に出会い、救われた。本書には、オイラーやガウスといった科学を作り上げた偉人が、誰にも言わなかった本音をチラッと漏らしたような、そんな不思議な感じがする内容が満載なのだ。著者はどうして彼ら偉人と「交信」できたのだろう、と興味を持

解説

ち、学生だった私は著者と話がしたくてすぐにファンレターを書いた。そして会って議論を重ねるうちに、長沼さんはテレパシー、いや直観力が常人の想像をはるかに超えたレベルであることが分かってきた。物事の奥にある本質を直観的に見抜き、それをうまい比喩で分かりやすく伝えられる力を持つ、長沼さん以上の人を私は未だに知らない。そして彼の才能が向かう対象は、理系分野以外にも幅広く広がっている。これまでの著作を見ると、経済学、建築学、そして文明論に至るまで縦横無尽に理系的直観力が生かされ、各分野の専門家の盲点を突いたオリジナルの議論を展開している様子は、もう驚異としか言いようがない。

あれから二十年、今度は私が学生に対して数学や物理学を教える立場になった。そしてこの本のような授業がしたくて、初心を忘れないためにもこの本の初版は今でも私の大学の本棚にある。細かい定義から出発して、エレガントに命題を証明していくオーソドックスな講義スタイルは私には合わない。だからと言って大局ばかり話して細かいことを話さない講義もしたくない。一番大事なことは、難し過ぎるものではなく、簡単過ぎるものでもない、そのバランスをとった「中間レベル」の内容を話すことだ。これは教える側からすれば、最も勇気のいるもので、深い直観的な能力が必要であり、誰にでもできるものではない。しかし学ぶ内容が膨大に増えている現代、本質部分をできるだけ最小限の努力で納得したい、というニーズはますます高くなってきている。そこで私もこれまでいろいろと試行錯誤してきた結果、皆が詰まる箇所を集中して分かりやすく教え、あとは全体の骨組みを簡単に伝えれば、学生の勉強効率がかなり良くなることが分

かった。偉人でも発想を思いついたときは単純なイメージがあったはずで、この原石であるアイディアを伝えることで、皆が詰まる難しい部分も最小労力で通過できるのだ。この本はそうしたボトルネック通過を助けてくれる、理科系の最強アイテムの一つであろう。

　そして現代では、抽象化された学問もきちんと現実に応用して生かしていくことを求められつつある。大学の基礎研究といえども、税金を投入している以上、将来的には何らかの社会貢献をしていかなくてはならないのは当然である。このためには、研究者は基礎と現実をつなぐ強烈な直観力を持つ必要があると私は考えている。数式の吐息を感じ、自然界のささやきに耳を傾けることが同時にできて初めて応用のイメージが生まれてくる。私が「渋滞学」という分野横断的な研究分野を立ち上げることができたのも、この本と出会い、これまで直観力を磨く努力をしてきたおかげだと思っている。

　最近は理系の学習内容を簡単に解説した本がだいぶ増えてきたが、厳密過ぎず、簡単過ぎない「中間レベル」の本で本書を超えるものは未だに無いといえよう。人が物事を完全に理解したとき、頭の中にある深くて単純なイメージを分かりやすく見せてくれる本書の魅力は、厳密さを犠牲にしても余りあるものなのだ。余分な部分を切り落とし、本質だけ削りだす長沼さんの本物の「オッカムの剃刀」を是非一人でも多くの人に味わって欲しいと願う。

さくいん

〈アルファベット〉

div 68
max 91
rot 68, 149
sup 91
ε-δ論法 80

〈あ行〉

安定性 87
位相 102
位相幾何学 102
位相空間 101
一様連続 94
一般運動量 229
運動ポテンシャル 224
エネルギー固有値 45
エントロピー 164, 175
エントロピー増大の法則 165
オイラーの微分方程式 214

〈か行〉

開区間 91
解析力学 202
ガウスの定理 72
ガウス平面 54
可逆過程 178
可算無限個 260
カルノー・サイクル 177
関数解析 87, 99
完備 96
ギブスの背理 199
行列式 40
極 160
距離 98
距離関数 100
距離空間 100
クラインの壺 103
クラウジウスの原理 165
クラウジウスの不等式 181
効率 173
コーシー数列 96
コーシー点列 96
コーシーの主値 161
コーシーの積分公式 152
コーシーの積分定理 148
コーシー・リーマンの関係式 148
コーシー列 95
固有関数 45
固有値 43
固有値問題 44
固有ベクトル 44
コラプサー 287
コンパクト 92

〈さ行〉

サイクロイド 203
最速降下線 203
最大 91
作用マトリックス 242
三体問題 232
思考経済 290
縮退 286
上限 91
情報量 187
情報理論 167, 187
ジョルダンの標準形 50
真性特異点 160
ストークスの定理 66, 150
スペクトル 124
制御理論 87
制限三体問題 267
正準変換 229
正準方程式 227
正則 149
線形システム 125
線積分 23
全微分 25

〈た行〉

対角比 45
断熱圧縮 170
断熱過程 170
断熱膨張 170
置換 43

調和的宇宙 248, 271
直交関係 112, 126
直交関数 128
直交基底 127
テイラー展開 30
電磁気学 66
点列 82
等温過程 177
統計力学 167
特異点 132

〈な行〉

内積 126
内部エネルギー 184
二体問題 232
熱機関 168
熱素 190
熱伝導方程式 123
熱の拡散 190
熱力学 28, 165
熱力学第一法則 184
熱力学第二法則 165
熱力学の三法則 165
熱量 166, 195

〈は行〉

ハーモニック・コスモス 248, 271
波動関数 44
ハミルトニアン 225
非可算無限個 260
微分積分学の基本定理 20

標準形　45
フーリエ解析　120
フーリエ級数　106
フーリエ変換　121
フェルマーの原理　215
複素関数　130
複素関数論　130
複素積分　130
複素平面　131
閉区間　91
ベクトル解析　66
ベクトル場の回転　69
ベクトル・ポテンシャル　72
変分法　202
ボルツァノ＝ワイエルストラスの定理　98

〈ま・や・ら行〉

マックスウェル方程式　74
面積分　23
ユークリッド空間　100
ラグランジュアン　222
ラグランジュ点　267
留数　135
量子力学　44, 203
ルジャンドル変換　229
ルベーグ積分　90
連続　84
ローテーション　66
ローラン級数　134, 156

N.D.C.421.5　　300p　　18cm

ルーバックス　B-1738

物理数学の直観的方法〈普及版〉
理工系で学ぶ数学「難所突破」の特効薬

2011年9月20日　第1刷発行
2024年8月5日　第24刷発行

著者	長沼伸一郎
発行者	森田浩章
発行所	株式会社講談社
	〒112-8001 東京都文京区音羽2-12-21
電話	出版　03-5395-3524
	販売　03-5395-4415
	業務　03-5395-3615
印刷所	（本文印刷）株式会社KPSプロダクツ
	（カバー表紙印刷）信毎書籍印刷株式会社
本文データ制作	講談社デジタル製作
製本所	株式会社国宝社

定価はカバーに表示してあります。
©長沼伸一郎　2011, Printed in Japan
落丁本・乱丁本は購入書店名を明記のうえ、小社業務宛にお送りください。
送料小社負担にてお取替えします。なお、この本についてのお問い合わせ
は、ブルーバックス宛にお願いいたします。
本書のコピー、スキャン、デジタル化等の無断複製は著作権法上での例外
を除き禁じられています。本書を代行業者等の第三者に依頼してスキャン
やデジタル化することはたとえ個人や家庭内の利用でも著作権法違反で
す。
R〈日本複製権センター委託出版物〉　複写を希望される場合は、日本複製
権センター（電話03-6809-1281）にご連絡ください。

ISBN978-4-06-257738-0

発刊のことば

科学をあなたのポケットに

二十世紀最大の特色は、それが科学時代であるということです。科学は日に日に進歩を続け、止まるところを知りません。ひと昔前の夢物語もどんどん現実化しており、今やわれわれの生活のすべてが、科学によってゆり動かされているといっても過言ではないでしょう。

そのような背景を考えれば、学者や学生はもちろん、産業人も、セールスマンも、ジャーナリストも、家庭の主婦も、みんなが科学を知らなければ、時代の流れに逆らうことになるでしょう。ブルーバックス発刊の意義と必然性はそこにあります。このシリーズは、読む人に科学的に物を考える習慣と、科学的に物を見る目を養っていただくことを最大の目標にしています。そのためには、単に原理や法則の解説に終始するのではなくて、政治や経済など、社会科学や人文科学にも関連させて、広い視野から問題を追究していきます。科学はむずかしいという先入観を改める表現と構成、それも類書にないブルーバックスの特色であると信じます。

一九六三年九月

野間省一

ブルーバックス　数学関係書 (I)

番号	タイトル	著者
35	計画の科学	加藤昭吉
116	推計学のすすめ	佐藤信
120	統計でウソをつく法	ダレル・ハフ 高木秀玄=訳
177	ゼロから無限へ	C・レイド 芹沢正三=訳
217	ゲームの理論入門	モートン・D・デービス 桐谷維/森克美=訳
325	現代数学小事典	寺阪英孝=編
408	数学質問箱	矢野健太郎
584	10歳からの相対性理論	都筑卓司
722	解ければ天才! 算数100の難問・奇問	中村義作
797	円周率πの不思議	堀場芳数
833	虚数iの不思議	堀場芳数
862	対数eの不思議	堀場芳数
908	数学トリック=だまされまいぞ!	仲田紀夫
926	原因をさぐる統計学	豊田秀樹
988	論理パズル101	デル・マガジンズ社=編 小野田博一=訳 前田忠彦/柳井晴夫=編訳
1003	マンガ 微積分入門	岡部恒治 藤岡文世=絵
1013	違いを見ぬく統計学	豊田秀樹
1037	道具としての微分方程式	斎藤恭一 吉田剛=絵
1074	フェルマーの大定理が解けた!	足立恒雄
1076	トポロジーの発想	川久保勝夫
1141	マンガ 幾何入門	岡部恒治 藤岡文世=絵
1201	自然にひそむ数学	佐藤修一
1243	高校数学とっておき勉強法	鍵本聡
1312	マンガ おはなし数学史	仲田紀夫=原作 佐々木ケン=漫画
1352	新装版 集合とはなにか	竹内外史
1353	確率・統計であばくギャンブルのからくり	谷岡一郎
1366	数学パズル「出しっこ問題」傑作選	仲田紀夫
1368	算数パズル「出しっこ問題」傑作選	仲田紀夫
1383	論理パズル「出しっこ問題」傑作選	小野田博一
1386	高校数学でわかるマクスウェル方程式	竹内淳
1407	素数入門	芹沢正三
1419	入試数学 伝説の良問100	安田亨
1423	パズルでひらめく 補助線の幾何学	中村義作
1429	史上最強の論理パズル	小野田博一
1430	数学21世紀の7大難問	中村亨
1433	Excelで遊ぶ手作り数学シミュレーション	田沼晴彦
1470	大人のための算数練習帳	佐藤恒雄
1479	大人のための算数練習帳 図形問題編	佐藤恒雄
1484	高校数学でわかるシュレディンガー方程式	竹内淳
1490	なるほど高校数学 三角関数の物語	原岡喜重
	単位171の新知識 改訂新版	星田直彦
	暗号の数理 改訂新版	一松信

ブルーバックス　数学関係書（Ⅱ）

番号	書名	著者
1493	計算力を強くする	鍵本聡
1536	計算力を強くするpart2	鍵本聡
1547	広中杯 ハイレベル中学数学に挑戦	算数オリンピック委員会=監修　青木亮二=解説
1557	やさしい統計入門	柴田文章／藤越康祝
1567	音律と音階の科学	小方厚
1595	数論入門	芹沢正三
1598	なるほど高校数学　ベクトルの物語	原岡喜重
1606	関数とはなんだろう	山根英司
1619	離散数学「数え上げ理論」	野崎昭弘
1620	高校数学でわかるボルツマンの原理	竹内淳
1625	やりなおし算数道場	歌丸優一=漫画
1629	計算力を強くする　完全ドリル	鍵本聡
1657	高校数学の実践数学公式123	佐藤恒雄
1661	史上最強のわかるフーリエ変換	竹内淳
1677	新体系　高校数学の教科書（上）	芳沢光雄
1678	新体系　高校数学の教科書（下）	芳沢光雄
1681	マンガ　統計学入門	アイリーン・V・ルニー=文　井口耕二=訳
1682	入門者のExcel関数	中村亨
1684	ガロアの群論	リブロワークス
1694	傑作！ 数学パズル50	小泓正直
1704	高校数学でわかる線形代数	竹内淳
1711	なるほど高校数学　数列の物語	宇野勝博
1724	ウソを見破る統計学	神永正博
1738	物理数学の直観的方法〈普及版〉	長沼伸一郎
1740	マンガで読む　計算力を強くする	がそんみほ=マンガ　銀杏社=構成
1741	マンガで読む　マックスウェルの悪魔	月路よなぎ=マンガ　銀杏社=構成
1743	大学入試問題で語る数論の世界	清水健一
1757	はじめてのゲーム理論	竹内淳
1764	新体系　中学数学の教科書（上）	芳沢光雄
1765	新体系　中学数学の教科書（下）	芳沢光雄
1770	連分数のふしぎ	木村俊一
1782	確率・統計でわかる「金融リスク」のからくり	吉本佳生
1784	「超」入門　微分積分	神永正博
1786	複素数とはなにか	示野信一
1788	高校数学でわかる相対性理論	竹内淳
1803	算数オリンピックに挑戦 '08〜'12年度版	算数オリンピック委員会=編
1808	不完全性定理とはなにか	竹内薫
1810	オイラーの公式がわかる	原岡喜重
1818	世界は2乗でできている	小島寛之
1819	マンガ　線形代数入門	鍵本聡=原作　北垣絵美=漫画